PUSHPA PARMAR
V. R Bhatt

Efeito da farinha de penas no rendimento e na composição química do milho

PUSHPA PARMAR
V. R Bhatt

Efeito da farinha de penas no rendimento e na composição química do milho

Farinha de penas como fonte orgânica de azoto

ScienciaScripts

Imprint

Cover image: www.ingimage.com

This book is a translation from the original published under ISBN 978-620-8-22445-5.

Publisher:
Sciencia Scripts
is a trademark of
Dodo Books Indian Ocean Ltd. and OmniScriptum S.R.L publishing group

120 High Road, East Finchley, London, N2 9ED, United Kingdom
Str. Armeneasca 28/1, office 1, Chisinau MD-2012, Republic of Moldova, Europe
Printed at: see last page
ISBN: 978-620-8-30867-4

RESUMO

A experiência em vaso foi realizada em solo franco-arenoso na casa de rede do Departamento de Ciência do Solo e Química Agrícola da AAU, Anand, Gujarat, durante o verão, durante dois meses (2013), para estudar o ***"Efeito da farinha de penas no rendimento e na composição química do milho".*** *A experiência foi organizada em blocos completamente aleatórios, compreendendo onze tratamentos, ou seja, controlo e combinações de FP e DFM com dois níveis de azoto (100 % e 75 % RDN), que foram repetidos três vezes. O rendimento máximo de peso fresco de (146,35 g vaso^{-1}), registado no tratamento T9 (1000 kg DFM ha^{-1} + 100% RDN), que foi a par com o tratamento T8 (1000 kg FP ha^{-1} +100% RDN), Assim, o aumento percentual de peso fresco sob T9 e T8 foi de 88,13% e 77,36%, respetivamente, sobre o valor mais baixo registado sob T11 (100% RDN através de DFM).O rendimento máximo de matéria seca de 49,79 g de vaso^{-1} foi registado no tratamento T9 (1000 kg DFM ha^{-1} + 100% RDN), no entanto, foi igual ao T8 (1000 kg FP ha^{-1} +100% RDN), que foi 64%, 74% e 88% superior aos tratamentos T1 (10 t FYMha^{-1} + 100% RDN), T10 (100% RDN através de FP) e T11 (100% RDN através de DFM), respetivamente.21% foi registado no tratamento T9 (1000 kg de FDM ha^{-1} + 100% RDN), e foi igual aos tratamentos T4 (1000 kg FPha^{-1} + 75% RDN), T5 (1000 kg DFM ha^{-1} + 75% RDN), T7 (500 kgDFMha^{-1} + 100% RDN) e T8 (1000 kg FP ha^{-1} +100% RDN) que foi 56.73%, 41,66% e 32,33% superior ao tratamento T10 (100% RDN através de FP), T11 (100% RDN através de DFM) e T1 (10 t FYM ha^{-1} + RDN) respetivamente.63 mg pot^{-1} foi registada no tratamento T9 (1000 kg FYM ha^{-1} + 100% RDN), e foi igual ao tratamento T4 (1000 kg FP ha^{-1} + 75% RDN), T5 (1000 kg DFM ha^{-1} + 75% RDN) e T8 (1000 kg FP ha^{-1} + 100% RDN), que foi 117,89%, 76,43%, 71,20%, 32.45%, 175.39%, 166% superior aos tratamentos T1 (10 t FYM ha^{-1} + 100% RDN), T2 (500 kg FP ha^{-1} + 75% RDN), T6 (500 kg FP ha^{-1} + 100% RDN), T7 (500 kg DFM ha^{-1} + 100% RDN) , T10 (100% RDN através de FP) e T11 (100% RDN através de DFM) respetivamente. O teor máximo de fósforo de 0,22% foi registado no tratamento T3 (500 kg DFM ha^{-1} + 75% RDN) que foi 37,5% superior ao tratamento T9.*

A absorção máxima de fósforo de 92,13 mg pot^{-1} pela cultura do milho foi registada no tratamento T6 (500 kg FP ha^{-1} + 100% RDN), a par do tratamento T3 (500 kg DFM ha^{-1} + 75% RDN), T4 (1000 kg FP ha^{-1} + 75% RDN), T5 (1000 kg DFM ha^{-1} + 75% RDN) e T8 (1000 kg FP ha^{-1} + 100% RDN) e foi 9.06%, 25,77%, 22,63%, 15,64%, 92,30% e 67,51% superior aos tratamentos T1, T2, T7, T9, T10 e T11, respetivamente.

O teor máximo de potássio de 1,35% foi registado no tratamento T10 (100% RDN através de FP), que foi 12,5% superior ao controlo (T1), onde foi registado o teor mais baixo de potássio de 1,20%, mas esta diferença não foi estatisticamente significativa.A absorção máxima de potássio de 614,01mg pot^{-1} foi observada no tratamento T8 (1000 kg FP ha^{-1} + 100% RDN), foi igual ao tratamento T4 (1000 kg FP ha^{-1} + 75% RDN), T5 (1000 kg DFM ha^{-1} + 75% RDN) e T9 (1000 kg DFM ha^{-1} + 100% RDN) e foi 73.O teor máximo de enxofre foi de 0,12% nos tratamentos T2 (500 kg FP ha^{-1} + 75% RDN), T3 (500 kg DFM ha^{-1} + 75%

RDN), T4 (1000 kg FPha^{-1} + 75% RDN) e T7 (500 kgDFM ha^{-1} + 100% RDN).A absorção máxima de enxofre de 60,39 mg pot^{-1} foi registada no tratamento T4 (1000kg FP ha^{-1} + 75% RDN) que foi a par do tratamento T9 (1000kgDFM ha^{-1} + 100% RDN) e foi 112,41% superior ao tratamento T10 (100% RDN através de FP). A absorção mais baixa de enxofre foi de 28,43 mg pot^{-1} e esta diferença foi estatisticamente significativa. A absorção máxima de ferro de 31,66 mg pot^{-1} foi registada no tratamento T5 (1000kg DFM ha^{-1} + 75% RDN). A absorção máxima de manganês de 2,64 mg pot^{-1} foi registada no tratamento T8 (1000 kg FP ha^{-1} + 100% RDF). A absorção máxima de zinco de 2,96 mg pot^{-1} foi registada no tratamento T8 (1000 kg FPha^{-1} + 100% RDN). A absorção máxima de cobre de 0,23 mg no pote^{-1} foi registada no tratamento T9 (1000 kg DFM ha^{-1} + 100% RDN). O valor máximo do teor de carbono orgânico de 0,35% foi registado no tratamento T10 (100% RDN através de FP). O teor máximo de fósforo disponível de 34,51 kg ha^{-1} foi registado no tratamento T4 (1000 kg FP ha^{-1} + 75% RDN) e o teor mais elevado de potássio disponível foi registado de 152,50 kg ha^{-1} no tratamento T8 (1000 kg FP ha^{-1} + 100% RDN). A partir da discussão acima, pode concluir-se que o pó de penas e a farinha de penas digerida com 100% RDN apresentaram melhores resultados devido ao seu maior teor de azoto, bem como à menor relação C:N. Entre todos os tratamentos, o pó de penas e a farinha de penas digerida com 100% de RDN aumentaram o rendimento, melhoraram a qualidade das plantas e as propriedades do solo.

RECONHECIMENTO

Neste momento inexplicável, não existem palavras no léxico para exprimir o meu sincero sentimento de gratidão, mas com toda a honra e êxtase de prazer exprimo os meus sinceros agradecimentos ao meu Guia Principal, Dr. V. R. Bhatt, Professor e Diretor do Departamento de Ciências do Solo e Química Agrícola, AAU, Anand. Sinto-me extremamente abençoado e afortunado por o ter como meu orientador. Aproveito esta oportunidade de ouro para lhe manifestar a minha gratidão, a minha dívida e os meus sinceros cumprimentos pela sua valiosa e inspiradora orientação, pelas suas sugestões críticas e pelo seu apoio e encorajamento ao longo do meu estudo. Estou também grato ao Senhor por me ter fornecido todos os requisitos necessários para o meu estudo de investigação. Ficar-lhe-ei eternamente grato. Desejo exprimir os meus sinceros agradecimentos ao Dr. K. B. Kathir a, Diretor de Investigação e Decano de Estudos de PG, AAU, Anan , ao Dr. K. P. Pa l, Diretor e Decano, B.A. College of Agriculture, Anand, por ter proporcionado as instalações necessárias para a realização do trabalho de investigação durante todo o período de estudos. Estou muito grato ao meu co-orientador, o Dr. J. C. Shroff, investigador associado, e aos membros da minha comissão, o Dr. Y. M. Shukla, professor associado do Departamento de Bioquímica, e o Dr. V. B. Darji, professor associado da Faculdade de Informação e Tecnologia Agrícolas da Universidade de Amesterdão, pelas suas sugestões oportunas e pela disponibilização das instalações para o meu trabalho de investigação. Presto o meu devido respeito e os meus sinceros agradecimentos aos professores do meu departamento, Dr. M. R. Dalwadi (Professor), Dr. D. B. Panchal (Professor Associado), Dr. B. A. Patel (Professor), Dr. J. C. Patel (Professor Associado), Dr. K. C. Patel (Professor Assistente), pela sua mentalidade de ajuda e pelas suas palavras de inspiração.Gostaria de agradecer sinceramente a orientação dada pelo Dr. K. P. Patel (Investigador, Projeto Micronutrientes) e pelo Dr. V. P. Ramani (Projeto Micronutrientes) por me permitirem fazer a análise no departamento. Não sei como exprimir os meus sinceros agradecimentos aos funcionários do meu departamento, a quem e s t o u profundamente grato. Agradeço-lhes o amor e o carinho que me demonstraram e a tolerância que tiveram para com as minhas perguntas e queixas. Nunca poderei esquecer o forte apoio que me deram nos momentos de aflição. Aproveito também esta oportunidade para agradecer sinceramente ao pessoal do meu laboratório, especialmente a Chandukaka, Kanubhai, Manhar, Jagdish, jignesh e Dinesh. Estou igualmente grato a outras pessoas com quem convivi durante o meu trabalho de investigação, como Lalita Saini, Geeta Chaudhary, Jyotsana Chaudhry, Nita Kuniya, Sivangini Gupta, Nidhi Chaudhry e Saiyad Niliphar. As bênçãos do meu avô, do meu pai **Shantilal Parmar**, da minha mãe **Taraben Parmar** e o afeto do meu irmão Yogeshbhai, Anilabhabhi e Anand estão sempre comigo. As palavras e as acções serão sempre insuficientes para lhes agradecer a sua crença e paciência. Com todo o meu amor e respeito, dedico-lhes este trabalho e, acima de tudo, curvo-me perante o Todo-Poderoso, que me deu a força necessária para fazer desta aventura um sucesso. Nem todos são mencionados, mas nenhum é esquecido. (Parmar Pushpa S.)

ÍNDICE

1. INTRODUÇÃO

O azoto é um dos principais nutrientes necessários para obter um bom crescimento e produção de qualquer cultura. Os fertilizantes azotados mais utilizados são a ureia, o sulfato de amónio, o fosfato diamónico, etc. Em todos estes fertilizantes, o azoto está presente sob a forma de nitrato ou sob a forma amoniacal. As plantas também obtêm azoto através da associação simbiótica com bactérias fixadoras de azoto, como a rizóbia, bem como bactérias assimbióticas, como Azotobacter, Azospirillum, etc. Outra fonte importante é o azoto presente em formas ligadas no estrume orgânico sob a forma de proteínas que são disponibilizadas através de aminoácidos pela atividade dos decompositores que utilizam o grupo de enzimas proteases.

A maior parte dos solos indianos são pobres em azoto e as necessidades de azoto das culturas ocorrem durante todo o seu período de crescimento. Por conseguinte, o azoto deve ser aplicado de forma a que a planta o receba durante todo o seu período de vida. Assim, torna-se absolutamente necessário aplicar fertilizantes azotados em todos os solos e culturas. Assim, a necessidade de fertilizantes azotados é muito elevada em relação ao seu fornecimento. Além disso, a eficiência dos fertilizantes azotados é de apenas 35 a 40 %. Assim, temos de recorrer a outras fontes que possam fornecer azoto às culturas. Os estrumes orgânicos concentrados podem ser eficazmente utilizados para fornecer azoto, porque as suas relações C/N são estreitas e contêm azoto de 5 a 12 por cento. A torta de rícino, a farinha de sangue, a farinha de carne, a torta de amendoim e a farinha de penas são estrumes que contêm maior quantidade de azoto. Assim, estes estrumes podem ser utilizados para complementar as necessidades de azoto da cultura.

Há uma escassez de adubos convencionais como FYM e composto e os fertilizantes nitrogenados são caros. Se pudermos produzir uma farinha de penas a partir dos resíduos de penas, a sua utilização na agricultura será benéfica nestas situações. A nível mundial, são produzidas anualmente cerca de 8,5 mil milhões de toneladas de penas de aves de capoeira, das quais a Índia contribui com 350 milhões de toneladas. (http://www.thepoultrysite.com/poultrynews/18275/new-solution-found-to-disposal- of-feather-waste).

Existe um potencial muito bom na utilização da farinha de penas como estrume e, em particular, como fonte de azoto, uma vez que contém 10 a 12 % de azoto. No entanto, é um estrume de libertação lenta, porque o azoto da pena está na forma de proteína de queratina que contém ligações dissulfureto, que são ligações muito fortes e não podem ser decompostas facilmente. No entanto, há relatos de que cerca de 45 a 55 % do azoto na farinha de penas se torna disponível no prazo de 2 semanas (Hadas e Kautsky, 1994). Uma vez que existe uma grande quantidade de penas de aves de capoeira disponíveis como resíduos, deve tentar-se utilizar a farinha de penas como estrume e como fonte de azoto para as culturas. É claro que, em comparação com outros estrumes concentrados, como os bagaços de óleo, a libertação de azoto da farinha de penas pode ser mais lenta, mas como contém uma grande quantidade de azoto, devem ser feitos esforços para explorar esta fonte de azoto através da investigação e da gestão.

Embora o teor total de azoto da farinha de penas digerida seja bastante elevado, até 12%, a biodisponibilidade deste azoto pode ser baixa. A farinha de penas é utilizada na formulação

de fertilizantes orgânicos. A farinha de penas é produzida através de um processo designado por transformação. São utilizadas panelas de pressão a vapor com temperatura superior a 140 ºC para "cozinhar" e esterilizar as penas. Isto hidrolisa parcialmente as proteínas, o que as desnatura. Em seguida, são secas, arrefecidas e moídas em pó para serem utilizadas como fonte de azoto para a alimentação animal (sobretudo ruminantes) ou como corretivo orgânico do solo. É uma fonte de fertilizante orgânico de libertação lenta, com elevado teor de azoto, para jardins orgânicos. Não é solúvel em água e não é um bom fertilizante líquido. Pode ser utilizado para aumentar o crescimento de folhas verdes, ativar a decomposição do composto e melhorar a estrutura do solo. Ao adicioná-lo ao jardim como fonte de azoto, deve ser misturado no solo para iniciar a decomposição e tornar os compostos azotados disponíveis para as plantas. Sendo um fertilizante orgânico para jardins, não é sintético nem derivado do petróleo. (http://en.wikipedia.org/wiki/Feather_meal)
As penas não transformadas contêm uma elevada quantidade de proteína bruta, mas são altamente indecomponíveis. A principal proteína que se encontra associada às penas é a queratina, que contém uma elevada quantidade de cistina (aproximadamente 10%). A ligação cruzada da cistina é a razão pela qual a fração de proteína bruta é altamente indecomponível. Quando o calor húmido é aplicado a temperaturas elevadas, as ligações cruzadas entre as cistinas são clivadas e a proteína bruta torna-se facilmente decomponível.
A introdução de fertilizantes inorgânicos convencionais reduziu drasticamente a utilização de estrumes orgânicos. O estrume orgânico é composto principalmente por resíduos e detritos de plantas e animais. Os estrumes orgânicos fornecem nutrientes às plantas, melhoram a estrutura do solo, o arejamento e favorecem o crescimento das raízes. Além disso, é compreensível que todos os nutrientes essenciais exigidos pelas plantas sejam fornecidos pelos estrumes orgânicos, embora em pequenas quantidades. Foi relatado que o estrume de aves de capoeira contém mais nutrientes para as plantas do que todos os outros estrumes orgânicos (Ali, 2005).
O estrume é eliminado de várias formas, incluindo a queima. No entanto, alguns agricultores estão conscientes do efeito benéfico do estrume de aves de capoeira e da sua libertação de nutrientes para uma boa resposta no crescimento das plantas. O estrume de aves de capoeira registou um aumento de mais de 53% do nível de N no solo, de 0,09% para 0,14%, e os catiões permutáveis aumentam com a aplicação de estrume (Boateng, 2006). Na agricultura, a principal razão para a aplicação de estrume de aves inclui a alteração orgânica do solo e o fornecimento de nutrientes às culturas (Warren et. al., 2006).
O milho, originário do México, é uma das culturas alimentares cerealíferas mais antigas e mais produtivas. É popularmente conhecido como milho e considerado como a "rainha dos cereais". É a terceira cultura mais plantada depois do trigo e do arroz. É cultivado em todo o mundo para consumo humano. Os principais Estados produtores de milho na Índia são Karnataka, Andhra Pradesh, Bihar, Panjab, Uttar Pradesh, Madhya Pradesh. Gujarat e Himachal Pradesh. Em Gujarat, o milho é tradicionalmente cultivado nos distritos de Panchamahal, Dahod, Sabarkandha, Banaskandha, Narmada e em partes dos distritos de Vadodara e Kheda.
Como alimento, o milho pode ser consumido diretamente como espiga verde, espiga torrada ou grão estalado. Esta cultura tem um teor de proteínas do grão muito mais elevado do que o arroz, o nosso alimento de base. O milho necessita de nutrientes em abundância, que podem provir tanto de fontes orgânicas como inorgânicas. Para obter um rendimento ótimo do milho,

uma combinação adequada de fertilizantes orgânicos e inorgânicos é a melhor proteína (Babhulkar et al.2000). A planta do milho pode ser utilizada como forragem verde ou sob a forma de silagem feita a partir da planta inteira. Além disso, as folhas e os caules secos após a colheita dos cereais podem ser utilizados para alimentar os animais. O tempo necessário para a produção de forragem verde é menor do que o necessário para a produção de cereais, porque a cultura é sempre colhida antes da maturidade dos grãos. Nos países temperados, o milho forrageiro tornou-se um dos alimentos mais importantes para os ruminantes, especialmente para os bovinos (Rouanet, 1987). Nalgumas condições, o milho não consegue produzir grãos de estrume, como no caso das condições semi-áridas, pelo que os caules produzidos são mais palatáveis, com uma quantidade elevada de porção (Walton, 1988). Em Gujarat, o milho é uma cultura importante, tradicionalmente cultivada nas zonas tribais de Panchmahal, Dahod, Sabarkantha, Narmada e parte dos distritos de Vadodara e Kheda. Gujarat ocupa 5,16 lakh ha de área produzindo 7,87 lakh toneladas com 1525 kg ha^{-1} produtividade do milho (Anon., 2012).A Índia consome quase todo o milho que produz. Cerca de 50% da produção total indiana é consumida como ração para aves e 8% é consumida pela indústria do amido.

A disponibilidade de diferentes tipos de adubos é muito baixa e os adubos são importantes para a saúde do solo. Em vez de FYM, composto, estrume de aves de capoeira, bagaço de óleo, vermicomposto, etc., pode ou não ser utilizada farinha de penas? Para investigar esta questão, foi realizada uma experiência sobre o **"Efeito da farinha de penas no rendimento e na composição química do milho"** no departamento de Ciência do Solo e Química Agrícola, BACA, AAU, Anand, com os seguintes objectivos

OBJECTIVOS

1. Estudar o efeito de adubação da farinha de penas no rendimento do milho.
2. Estudar o efeito da farinha de penas na composição química do milho.
3. Estudar o efeito da farinha de penas nas propriedades químicas e no estado dos nutrientes disponíveis no solo após a colheita do milho

2. REVISÃO DA LITERATURA

O pó de penas e a farinha de penas digerida com fertilizantes inorgânicos mostraram um aumento considerável no rendimento de matéria verde e seca, no teor e na absorção de nutrientes e na disponibilidade de nutrientes do solo. Uma breve revisão da literatura relacionada com a presente investigação intitulada **"Efeito da farinha de penas no rendimento e na composição química do milho"** foi apresentada neste capítulo em diferentes subtítulos.

Uma vez que este trabalho de investigação sobre a utilização de pó de penas e farinha de penas digerida como estrume é, comparativamente, um novo esforço, foram encontrados muito poucos trabalhos publicados na literatura sobre este aspeto. No entanto, todas as referências disponíveis são aqui analisadas com o seguinte título:

2.1Efeito da aplicação combinada de fontes orgânicas e inorgânicas de nutrientes no rendimento e na composição química das culturas

2.2 Efeito da aplicação combinada de fontes orgânicas e inorgânicas de nutrientes na absorção de nutrientes

2.3 Efeito da aplicação combinada de fontes orgânicas e inorgânicas de nutrientes nas propriedades físico-químicas do solo

2.1. Efeito da aplicação combinada de fontes orgânicas e inorgânicas de nutrientes no rendimento e na composição química das culturas:

Jagtap e Shingte (1982) relataram que o rendimento de grãos de milho aumentou com o aumento da aplicação de FYM de 0 a 10 t FYM por ha em solo preto médio em Pune.

Sharma (1983) registou um aumento significativo do peso e do rendimento dos grãos de milho com cada aumento sucessivo dos níveis de fertilizante. A aplicação de 12,0 t de FYM com cada nível de fertilizante até 90 kg de N, 45 kg de P2O5 e 45 kg de K2O ha^{-1} aumentou significativamente o rendimento de grãos de milho em comparação com o mesmo nível sem FYM. Estudos de campo conduzidos na sequência de cultivo de milho-trigo durante três anos (1983 a 1985-86) em solo franco-arenoso em Solan (Himachal Pradesh) mostraram que a aplicação de FYM @ 10 t ha^{-1} resultou num aumento significativo do crescimento e da produção, contribuindo para as caraterísticas viz. altura da planta, n.º de espigas por m. Sharma (1987) opinou que houve um aumento significativo na altura da planta e no número de folhas por planta com cada aumento sucessivo no nível de fertilizante. A adição de 12 toneladas de esterco de curral ha^{-1} junto com níveis de fertilizantes de até 60 kg de N, 30 kg de P2O5 e 30 kg de K2O ha^{-1} melhorou significativamente os caracteres de crescimento.

Gangwar e Niranjan (1991) relataram que a altura da planta (216,3 cm), a forragem verde (30,6t ha^{-1}), o rendimento de matéria seca (10,3t ha^{-1}) e o teor de proteína bruta (0,75t ha^{-1}) do sorgo forrageiro foram significativamente maiores com 100 % de RD de fertilizantes inorgânicos, seguidos de 6 toneladas de FYM + 50 % de RD de fertilizantes inorgânicos. Verma (1991), num solo argiloso, verificou que o aumento da taxa de estrume de quinta de 5,0 para 10,0 t ha^{-1} e a aplicação de fertilizantes de 50 para 100 % da dose recomendada de N, P e K aumentaram o rendimento do grão de milho.

Das et al. (1991) notaram o rendimento máximo de grãos de milho com a aplicação de 5 toneladas de estrume de aves mais 28 kg ha^{-1} P como super fosfato simples (4.95t ha^{-1}) seguido por estrume de aves sozinho (3.81 t ha-1).Um estudo sobre o sorgo kharif em Dharwad sob condições de sequeiro em solos negros médios indicou que a aplicação combinada de vermicomposto e Azospirillum juntamente com RDF registou o maior número de folhas verdes e índice de área foliar aos 60 e 90 DAS e na colheita (Krishnamoorthy, 1995). A produção de matéria seca foi significativamente maior com a aplicação de vermicomposto junto com Azospirillum brasilense do que com sua aplicação individual (Savalgi e Savalgi, 1992).

Alagawadi e Gaur (1992) realizaram uma experiência em Bijapur, em condições de sequeiro, com sorgo rabi (cv. M 351) e referiram que a aplicação de azoto juntamente com a inoculação de A. brasilense e P. striata aumentou significativamente o rendimento do sorgo rabi.

Singh et al. (1992) referiram que a aplicação de FYM @ 10 t ha^{-1} produziu um rendimento de grão significativamente mais elevado da cultura do milho em solo franco-arenoso em Solam (Himachal Pradesh). Juang (1993) cultivou arroz e milho em rotação e recebeu fertilizantes inorgânicos, composto orgânico ou uma combinação dos dois, o rendimento das colheitas ao longo de 6 épocas de cultivo foi mais elevado com fertilizantes orgânicos do que com composto + NPK. O rendimento aumentou devido ao composto ao longo do tempo. A taxa mais elevada de estrume orgânico de 540 kg ha^{-1} como estrume de gado produziu o mesmo rendimento que 180 kg ha^{-1} e também foram observadas interações positivas entre as combinações de estrume orgânico e azoto. Malik e Jaiswal (1993) relataram que o rendimento significativamente igual do arroz foi obtido sob 58 g ha^{-1} N aplicado através de ureia comprimida e metade de ureia comprimida + metade como FYM. Da mesma forma, o rendimento do grão obtido com 87 kg ha^{-1} N é igual ao obtido com 58 kg ha^{-1} N como ureia e 29 kg ha^{-1} N como FYM. Concluíram que metade a dois terços do N químico podem ser substituídos por N orgânico (FYM) sem qualquer perda de rendimento. Mastiholi (1994) relatou que a aplicação de vermicomposto 2t ha^{-1} com 25 kg N ha-1 e Azospirillum 10 kg ha^{-1} com 50 kg N ha^{-1} registou uma altura de planta significativamente maior em todas as fases de crescimento do sorgo rabi. Agarwal et al. (1995) relataram que a aplicação de FYM melhorou o crescimento das raízes e das folhas do milho. As alterações orgânicas e o azoto aceleraram o aparecimento das folhas e aumentaram a área foliar e a longevidade das folhas. O rendimento de grãos do milho foi positivamente correlacionado com o LAI (0,89). A aplicação de vermicomposto @ 2.5t ha^{-1} e Azospirillum @ 10kg ha^{-1} registou o maior rendimento de grão de sorgo (5080 kg ha^{-1}), que foi igual ao tratamento que recebeu vermicomposto e Rhizobium juntamente com 75% RDF (4737 kg ha^{-1}), mas diferiu significativamente do tratamento que recebeu FYM @ 7.5t ha^{-1} juntamente com Azospirillum e RDF (Krishnamoorthy, 1995).

Pawar (1996) observou que a aplicação de vermicomposto @ 2.5t ha^{-1} junto com 50% RDF deu ao milho um rendimento de grãos igual ao de 100% RDF. Em outro estudo de campo, ele encontrou o maior rendimento de grãos de milho (74.81q ha^{-1}) devido à combinação de vermicultura in situ e aplicação de 100% RDF. No entanto, o tratamento com vermicultura in situ e aplicação de apenas 50% de FTR deu um rendimento equivalente ao obtido com 100% de FTR, ou seja, ao praticar a vermicultura in situ é possível poupar 50% do custo dos fertilizantes químicos. Barewadia e Patel (1996) indicaram que a aplicação combinada de estrume de curral @ 5t ha^{-1} e azoto @ 60 kg ha^{-1} deu um rendimento de grão significativamente mais elevado (2197 kg ha^{-1}) do que a FYM com 45 e 30 kg N ha^{-1} .Kamalakumari e Singaram (1996) observaram um rendimento de grãos significativamente maior (4775 kg ha^{-1}) de milho devido à aplicação combinada de FYM @ 10t ha^{-1} e 100% NPK sobre 150, 100, 50% NPK, 100% NPK + 25 kg ZnSO4/ha, 100% N e 100% NP, enquanto o rendimento de palha mais alto (8856 kg ha^{-1}) também foi mostrado no mesmo tratamento.

Palled et al. (1997) indicaram que uma média de 30% das necessidades de azoto da cultura do milho podem ser satisfeitas com adubação verde subabul, desde que todo o material seja mineralizado bem antes de a cultura atingir a maturidade. Vyas et al. (1997) realizaram uma experiência em vertisols de Junagadh e relataram que a aplicação de FYM @ 10t ha^{-1} teve um efeito tremendo no grão, bem como em comparação com o tratamento sem FYM e aumentou o rendimento do grão e da palha de trigo em 17,85 e 16,12%, respetivamente, em relação ao controlo.

Singh (1997) relatou que, nos estágios iniciais, a altura da planta, o número de perfilhos e o acúmulo total de matéria seca não foram influenciados significativamente pela aplicação de adubos orgânicos através de FYM e vermicomposto. Mas em fases posteriores, todos estes parâmetros de crescimento melhoraram significativamente com a aplicação de adubos orgânicos.

A aplicação de chorume de biogás a taxas equivalentes a 10 kg de N ha^{-1} e fertilizantes inorgânicos na proporção de 3:1 melhorou significativamente a altura da planta, o número de perfilhos, os perfilhos efectivos por planta, o comprimento da espiga e produziu um rendimento de sementes e palha significativamente mais elevado do que o tratamento que recebeu apenas fertilizantes inorgânicos (Sham e Sreenivasa, 1998).

Patel et al. (1999) observaram que a aplicação de 10t ha^{-1} FYM provou ser significativamente superior a nenhuma FYM no caso de diferentes atributos de rendimento do amendoim.

Singh (1999) referiu que a aplicação de 10t ha^{-1} FYM produziu rendimentos de grãos e palha de milho significativamente mais elevados do que 5t ha^{-1} FYM e o controlo (sem FYM). Os caracteres de crescimento, como o número de perfilhos por planta e a altura da planta na maturidade, aumentaram significativamente com o aumento sucessivo do nível de FYM sem FYM para 10t ha^{-1} FYM.

Dixit e Gupta (2000) referiram que a aplicação de 50% de NPK+FYM à cultura do trigo aumentou significativamente o rendimento da matéria verde e seca.

Sushila e Giri (2000) referiram que a aplicação de 10t ha^{-1} FYM aumentou a altura das plantas, o número de perfilhos, os caracteres que contribuem para o rendimento e, por fim, o rendimento do trigo no IARI, Nova Deli. Também se observou um efeito semelhante da aplicação de FYM no rendimento da palha e no índice de colheita da cultura do trigo.

Chandrashekar et al. (2000) relataram que a aplicação de estrume de aves de capoeira @ 10t ha^{-1} juntamente com 100 % da dose recomendada de fertilizantes (150:75:37,5 kg NPK ha^{-1}) registou um rendimento significativamente mais elevado de grãos (50,8 q ha^{-1}) e de palha (74,4q ha^{-1}) de milho do que o vermicomposto e apenas o RDF.

Yaduvanshi (2001) relatou que a aplicação de 50 % de NPK + FYM aumentou o rendimento do arroz em 23,3 % em relação ao tratamento com 50 % de NPK.

Kumar et al. (2002) realizaram uma experiência em Hisar e relataram que a aplicação de 20t ha^{-1} FYM deu rendimentos significativamente mais elevados de grãos, palha e proteínas do que a aplicação de 10t ha^{-1} FYM e nenhum tratamento FYM.

Parmar e Sharma (2002) referiram que a dose de 50% de fertilizante azotado e 10t ha $^{-1}$ FYM aplicados ao milho poupavam 50% de fertilizante N e 100% de PK em condições de sequeiro. Tolanur e Badanur (2003) referiram que o maior rendimento de grão e de estolho de milho-miúdo foi obtido com fontes orgânicas de nutrientes para satisfazer 50% de N em conjunto com 50
% de RDF sobre o controlo.

Patiram e Mali (2004) referiram que o azoto e o fósforo disponíveis no solo após a colheita de sorgo com uma aplicação de 10t ha^{-1} de FYM eram mais elevados em 9 e 16%, respetivamente, do que sem aplicação de FYM. O aumento do estado do azoto foi exclusivamente atribuído à decomposição do composto orgânico contendo azoto na mistura de forragem aplicada, enquanto o aumento da disponibilidade de fósforo foi o efeito combinado dos ácidos orgânicos libertados e dos aniões orgânicos na decomposição da mistura de forragem.
Saroch e Thakur (2004) realizaram uma experiência em Palampur num solo argiloso siltoso e referiram que a aplicação de 10t ha^{-1} FYM aumentou significativamente o rendimento de grãos e palha (62,7 e 68,7%, respetivamente) do milho, principalmente devido ao aumento de perfilhos efectivos, grãos por espiga e peso de teste.
Ashok Kumar et al. (2005) relataram que o crescimento das plantas de milho em termos de altura da planta e índice de área foliar variou significativamente devido a vários níveis de fertilidade. Com plantas mais altas e índice de área foliar máximo, a aplicação de 100% NPK com 10t ha^{-1} FYM foi superior aos restantes níveis de fertilidade.
Chettri e Mondal (2005) descobriram que o rendimento máximo de grãos de arroz das estações chuvosa (4,66 t ha $^{-1}$) e de inverno (5,47 t ha^{-1}) foi obtido na sequência em que a grama verde e o Lathyrus foram adubos verdes antes do transplante da estação chuvosa e do arroz de inverno, além de 75% da dose recomendada de N, P e K, juntamente com FYM 10 t ha .$^{-1}$
Singh e Singh (2005) relataram que a aplicação de adubos orgânicos (vermicomposto e FYM) aumentou o número de perfilhos efectivos, o peso do grão na espiga e o rendimento biológico em relação ao tratamento sem adubo orgânico no trigo. O maior rendimento foi registado com vermicomposto @ 15t ha^{-1} . Vermicomposto @ 10t ha^{-1} e FYM @ 15t ha^{-1} deram rendimentos iguais.
Boateng et al. (2006) efectuaram uma experiência no CSIR e KNUST, Kumasi, Gana, sobre o efeito do estrume de aves de capoeira no crescimento e rendimento do milho. Os tratamentos com estrume de aves de capoeira produziram valores mais elevados de altura, índice de área foliar e biomassa. O estrume de aves de capoeira registou um aumento de mais de 53% dos níveis no solo, de 0,09 para 0,014%. Os catiões permutáveis aumentaram com a aplicação de estrume.
Ahmed et al. (2007) mostraram que a combinação de fertilizantes inorgânicos e adubos orgânicos, ou seja, (50 % NP + 50 % adubo de aves de capoeira kg ha^{-1}) pode ser utilizada para explorar o potencial de rendimento da cultivar de sorgo JS 88 sob um determinado conjunto de condições. O rendimento de forragem verde obtido com uma combinação de fertilizantes inorgânicos e fontes orgânicas foi bom. O uso contínuo de FYM com fertilizantes inorgânicos não só aumentou a disponibilidade de nutrientes, mas também melhorou a fertilidade do solo e, em última análise, aumentou a produção de forragem. Assim, sugeriu-se

a utilização integrada de fertilizantes inorgânicos e fontes orgânicas para explorar os rendimentos do sorgo forrageiro, para além de melhorar a estrutura física e o estado de fertilidade do solo. Farhad et al. (2009) realizaram uma experiência na área de investigação agronómica da Universidade de Agricultura de Faisalabad, estudando o efeito dos níveis de estrume de aves de capoeira na produtividade do milho de primavera. A experiência consistiu em seis tratamentos. O tratamento com 12 t ha^{-1} de estrume de aves de capoeira afectou significativamente a altura das plantas, o número de filas por espiga, o número de grãos por fila, o rendimento de grãos, o rendimento biológico e o índice de colheita.

Udam e Bello (2009) realizaram experiências de campo na quinta de investigação do Programa Agrícola do Estado de Bauchi para estudar o efeito da cama de aviário no rendimento de duas variedades de milho na savana do norte da Guiné. A cama de aves de capoeira afectou significativamente o comprimento da espiga, o peso da espiga, a percentagem de descasque e o rendimento de grãos do milho.

Shah et al. (2009) sugeriram que o compósito-78 teve o melhor desempenho no que respeita a todos os parâmetros de crescimento e rendimento, com exceção do número de plantas por unidade de área e do número de plantas com espiga. A utilização combinada de ureia e estrume de quintal teve o melhor desempenho do que a sua aplicação única no que respeita ao rendimento de grãos, que foi de 6,13 t ha .$^{-1}$

Mohamed (2010) realizou uma experiência na quinta de demonstração da faculdade de agricultura, Universidade Islâmica de Omdurman, Sudão, para investigar o efeito do estrume orgânico e da ureia aplicados isoladamente e em combinação no crescimento, rendimento e qualidade do milho forrageiro. O número de dias para 50% de desfolhamento, o rendimento de matéria fresca e seca foram significativamente afectados pelo estrume orgânico. Além disso, o rendimento de matéria fresca e seca aumentou progressivamente com a combinação de estrume de galinha e ureia em comparação com os outros tratamentos.

Haque et al. (2011) realizaram experiências na Universidade Agrícola Bangabaandhu Sheikh Mujibur Ruhman, em Gazipure, e estudaram o efeito dos adubos orgânicos no crescimento, rendimento e absorção de nutrientes do milho. O maior rendimento de grãos de milho foi registado no tratamento que recebeu 75% de N de ureia e 25% de N de estrume de aves de capoeira também produziu maior rendimento de grãos em relação ao controlo. A aplicação combinada de adubos orgânicos com fertilizantes químicos mostrou efeitos positivos no N, P, K e S do milho observados nos tratamentos acima.

Modupeola et al. (2011) relataram que o estrume de aves 30t ha^{-1} produziu a maior biomassa, caraterísticas de crescimento e absorção de nutrientes na variedade de milho entre os níveis de estrume de aves. Além disso, N, P e K 120 kg ha^{-1} deram a maior biomassa e absorção de elementos nutritivos entre os níveis do fertilizante N.P.K. na variedade de milho. O estrume de aves de capoeira a 30 t ha^{-1} e o fertilizante N.P.K. a 120 kg ha^{-1} podem ser utilizados.

Ogundare et al. (2012) sugeriram que, entre os resíduos agrícolas aplicados, o estrume de aves de capoeira melhorou o crescimento e as caraterísticas de produção de sementes de milho. Este tratamento aumentou o peso da semente por planta, o número de sementes por espiga, o peso de 100 sementes e o rendimento da semente em 55,6 %,

66,5 % e 55,4 %, respetivamente, em relação à Chromolaena e à torta de sementes de nim. A Chromolaena e a torta de sementes de nim produziram peso de grãos por planta, peso de 100 sementes, número de sementes por espiga e rendimento de sementes semelhantes. O estrume de aves de capoeira melhorou significativamente o crescimento e as caraterísticas de produção de sementes de milho em relação à Chromolaena e à torta de sementes de nim. Mutegi et al. (2012) relataram que o maior rendimento de grãos de milho de 4.8t ha^{-1} e 4.2t ha^{-1} foram realizados a partir da aplicação única de calliandra durante as estações de cultivo de chuvas curtas de 2005 e chuvas longas de 2006. Em geral, os rendimentos de grãos de milho foram menores em tratamentos com N mineral sozinho em comparação com os tratamentos com orgânicos. Os resultados obtidos indicam que a utilização de correção orgânica ou combinada de N orgânico/mineral no solo parece ser superior à utilização de fontes de correção mineral isoladas.

2.2. Efeito da aplicação combinada de fontes orgânicas e inorgânicas de nutrientes na absorção de nutrientes

2.2.1. Teor e absorção de macronutrientes

Chopra e Ganguly (1988) referiram que a percentagem de recuperação de azoto era a mais elevada com a ureia, seguida do chorume de biogás e do estrume de capoeira na primeira época da cultura do milho. Isto deveu-se ao facto de a ureia com NH2-N se mineralizar mais rapidamente do que o FYM-N, que é organicamente ligado. No entanto, o chorume de biogás foi comparável à ureia porque o azoto estava comparativamente mais mineralizado devido à digestão exaustiva.

Ibraginov (1990) referiu que, em solos arenosos, a absorção de N, P e K aumentava à medida que a taxa de fertilizante aumentava, resultando num esgotamento progressivo das reservas de potássio do solo. A aplicação de estrume de quinta aumentou a absorção de nutrientes com as taxas NPK mais elevadas, mas reduziu o esgotamento das reservas de potássio do solo.

Biju Joseph (1994) observou um aumento significativo na concentração e subsequente absorção de azoto e fósforo pelo trigo devido à adição de FYM juntamente com fosfato de rocha. Os teores de azoto e fósforo no grão e na palha de trigo aumentaram com a aplicação de adubos orgânicos e foram máximos com a aplicação de vermicomposto a 10t ha^{-1} . A absorção de azoto no grão e na palha de trigo aumentou significativamente com a aplicação de vermicomposto a 10t ha^{-1} mas foi igual com vermicomposto a 7,5t e FYM a 10t ha^{-1} (Singh, 1997).

Pawar (1996) relatou que a absorção de nutrientes N, P, K e S pelo milho aumentou significativamente devido à aplicação combinada de vermicomposto e fertilizantes. A aplicação combinada de vermicomposto @ 5t ha^{-1} e 100% RDF registou a máxima absorção de N, P, K, S, Zn, Mn, Cu e Fe pelo milho. Shivananda et al. (1996) estudaram a eficiência da absorção de enxofre a partir de FYM e vermicomposto como fonte orgânica e sulfato de amónio como fonte inorgânica em feijão francês cv. Arka Komal. Os resultados mostraram que a maior absorção de enxofre na planta foi registada em solos tratados com FYM, seguidos de vermicomposto, sulfato de amónio e controlo na colheita.

Gupta et al. (1999) observaram um aumento na eficiência do uso de fósforo devido à aplicação de FYM @ 10 t ha^{-1} em solo franco-arenoso com milho como cultura de teste. A extensão do aumento foi de 15,50, 11,57 e 3,93% do solo + fertilizante, solo e fonte de fertilizante, respetivamente.

Nanjappa et al. (2001) notaram que a aplicação combinada de fertilizantes químicos orgânicos e inorgânicos não só aumentou a disponibilidade de nutrientes como também a sua absorção pela cultura. A absorção de N, P e K pelo milho foi maior devido à aplicação de

75% da dose recomendada de fertilizante + 2,7t ha^{-1} vermicomposto. No entanto, a aplicação de 24t ha^{-1} FYM ou 10,8t ha^{-1} vermicomposto registou a menor absorção de nutrientes.

Yaduvanshi (2001) referiu que a aplicação de fertilizantes inorgânicos isoladamente ou em combinação com adubo verde ou FYM aumentou significativamente a absorção de N pelas culturas de arroz e trigo, em comparação com o N isolado e o tratamento de controlo. O aumento médio da absorção de N em relação ao controlo com 50% do tratamento recomendado e a sua utilização combinada com adubação verde e FYM e 100% dos tratamentos recomendados foi de 39,3, 78,1 e 77,3 kg ha^{-1} no arroz e 36,8, 47,2, 44,8 e 76,4 kg ha^{-1} , respetivamente. A absorção de nitrogénio pelo arroz a partir da adubação verde ou FYM ou FYM com 50% do tratamento recomendado foi semelhante à do tratamento 100% recomendado. A absorção de P e K aumentou significativamente com a aplicação de NPK e seu uso combinado com adubação verde e FYM.

Baskar (2003) relatou que, ao longo de dez anos de cultivo contínuo de arroz-arroz sob vários tratamentos, as diferenças na absorção de nutrientes e na eficiência de utilização dos principais nutrientes em fertilizantes orgânicos isolados e fertilizantes inorgânicos com orgânicos foram significativas. O uso contínuo de produtos orgânicos juntamente com fertilizantes inorgânicos aumentou a absorção de nutrientes e a eficiência de utilização dos principais nutrientes do que os fertilizantes inorgânicos.

Anil Kumar e Thakur (2004) observaram que a aplicação de 150% do fertilizante recomendado resultou em maior teor e absorção, seguido pelo fertilizante recomendado + 10t FYM ha .$^{-1}$

Karki et al. (2005) referiram que os teores de N, P e K no grão e no caule do milho e a sua absorção foram máximos com a dose recomendada de fertilizantes, o que está ao mesmo nível da dose recomendada de fertilizante + 10t FYM ha^{-1} tratamento.

Yusuff et al. (2007) relataram que as concentrações multiplicadas pelo peso seco em estufa das raízes e do caule forneceram a absorção de N, K, Ca e Mg nessas partes da planta. T2 (aplicação de 100% de fertilizante inorgânico), T3 (80 % de fertilizante N mais 20% de N da aplicação de composto), T4 (60% de fertilizante N mais 40% de N do composto) e T5 (aplicação de 100% de composto) afectaram a densidade aparente do solo, CEC, pH, N total, K permutável, Ca e Mg. O peso seco da folha de Masmadu não foi afetado pela fertilização, assim como a absorção de N e K nesta parte da planta. T2 foi superior aos outros tratamentos em termos de peso seco do caule e produção de espigas, embora a absorção de N e K no caule de Masmadu sob T2 não tenha sido estatisticamente diferente de T3 e T4. Estudos isotópicos para quantificar a quantidade de N e K contribuída pelo composto em relação à absorção e produção de N e K podem ajudar a explicar conclusivamente por que o T2 foi superior ao T3 e T4 em particular. Wild et al. (2011) mostraram que os fertilizantes orgânicos aumentaram o rendimento do grão, o conteúdo e a absorção de N. Shilpashree et al. (2012) mostraram que o rendimento significativamente mais elevado do grão (9,50 t ha^{-1}) e do caule (11,00 t ha^{-1}) e a absorção total de N, P e K pelo milho foram registados pelo tratamento que envolveu um pacote de práticas em comparação com os tratamentos que receberam níveis de azoto sob a forma de inorgânicos e orgânicos. No entanto, o tratamento integrado não diferiu significativamente entre si no que respeita ao rendimento e à produtividade.

2.2.2. Teor e absorção de micronutrientes

Singh et al. (1979) referiram que se registou um aumento significativo na absorção de zinco pelo milho com a aplicação de estrume de aves de capoeira com adição de zinco. Devarajan et al. (1980) referiram que a aplicação de estrume de suinicultura com FYM aumentou significativamente a absorção de Zn e Fe pelo sorgo. Este facto foi atribuído ao teor de micronutrientes no estrume orgânico e também ao efeito dos ácidos orgânicos produzidos durante a decomposição dos minerais do solo. Prasad (1981) opinou que o estrume orgânico aumentou o teor de Zn e Fe do milho de um nível de deficiência para um nível de suficiência, o que causou a melhoria do rendimento do milho em solos calcários.Sakal et al. (1982) referiram que a aplicação de composto @ 10t ha^{-1} juntamente com FeSO4 @ 100 kg ha^{-1} aumentou a absorção de Fe pela semente de milho e pelo caule em 19 e 81 %, respetivamente, em relação ao controlo. Kher e Minhas (1991) relataram que a aplicação combinada de 100% de NPK, determinada com base nos valores iniciais dos testes do solo, e de estrume de quinta na rotação milho-trigo aumentou significativamente a absorção de Zn, Mn e Fe em ambas as culturas. Madhavi et al. (1995) observaram que a absorção de micronutrientes (Fe, Zn, Mn e Cu) no milho de inverno aumentou com o aumento dos níveis de estrume de aves (0-4.5t ha^{-1}) e fertilizantes NPK (0 -100 % de fertilizantes recomendados de 120:60:60 kg N, P2O5 e K2O ha^{-1}). Houve uma interação significativa entre o estrume de aves e o fertilizante NPK na absorção de nutrientes. Ghosh et al. (2001) relataram que a aplicação de FYM juntamente com a dose recomendada de fertilizante NPK aumentou consideravelmente a absorção de Zn, Mn, Cu e Fe pelo trigo em relação ao controlo absoluto e ao tratamento RDF.

2.3. Efeito da aplicação combinada de fontes orgânicas e inorgânicas de nutrientes nas propriedades físico-químicas do solo.

2.3.1. Propriedades do solo

As experiências de campo a longo prazo realizadas por Acharya et al. (1988) indicaram que a adição de FYM juntamente com fertilizantes inorgânicos melhorou o índice estrutural do solo, a taxa de infiltração e as caraterísticas de retenção de água quando comparada com a adição de fertilizantes inorgânicos isoladamente. O tratamento que produziu 150% de FTR indicou o papel significativo da FYM na melhoria do ambiente físico.

Lal e Mathur (1989) relataram que a densidade aparente diminuiu gradualmente nas parcelas tratadas com FYM, atingindo uma redução máxima de 9% em relação ao valor inicial. Lavti (1990) observou uma maior percentagem de capacidade de retenção de água em Alfisols de Udaipur, em condições de sequeiro, devido à incorporação de materiais orgânicos como estrume de quinta, palha de arroz, casca moída e palha de trigo, em relação ao controlo.

Chawla e Chabra (1991) observaram que o máximo de agregados estáveis à água na superfície do solo aumentou com o aumento do nível de aplicação de P. A estabilidade dos agregados diminuiu com a profundidade em todos os tratamentos. A estabilidade dos agregados diminuiu com a profundidade em todos os tratamentos. A diminuição dos agregados estáveis em água com a profundidade foi mais rápida no tratamento em que também foi aplicado K a ambas as culturas.

Hundekar (1992) observou um valor mais elevado de agregados estáveis à água (49,88 %) com restolho de sorgo + nível recomendado de fertilizante em Vertisols de Bijapur.

Sarkar e Rathod (1992) relataram que a densidade aparente diminuiu em 1,42% devido à incorporação de resíduos de culturas em relação ao controlo. Noutro estudo, Jadhav et al. (1993) referiram que a capacidade máxima de retenção de água aumentou nas parcelas que foram tratadas com vermicomposto @ 5t ha^{-1} em comparação com a parcela de controlo. Suri et al. (1993) observaram um aumento dos agregados estáveis à água e do espaço poroso com a adubação verde. Verificou-se que a diminuição da densidade aparente, o aumento da capacidade de retenção de água e da porosidade do ar devido à incorporação de resíduos de culturas e de adubos verdes melhoram a relação entre o solo e a planta.

Bellakki e Badanur (1997) relataram que os agregados estáveis à água aumentaram significativamente e a densidade aparente foi reduzida em Vertisols com a incorporação de restolhos isoladamente ou em combinação com a aplicação de fertilizante subabul.

Zhang e Schrader (1993) compararam o efeito de minhocas (Lumbricus terrestris, Allobophora longa e Apporrectodea caliginosa) na estabilização de agregados de solo a partir de moldes e paredes de tocas com os do solo natural. Os resultados revelaram que o teor total de polissacáridos aumentou de 35 a 87% para os moldes, o que teve o efeito mais forte na ligação entre partículas dos agregados reformados em termos de resistência à tração e estabilidade à água.

2.3.2. Propriedades químicas do solo

2.3.2.1. pH e CE

Badanur et al. (1990) estudaram o efeito da matéria orgânica nas propriedades do solo e verificaram que a condutividade eléctrica do solo não variava muito com a incorporação de resíduos de culturas e adubos verdes em relação à aplicação de fertilizantes.

Das et al. (1991) relataram que a incorporação de adubos orgânicos (FYM, estrume de aves e estrume de porco) aumentou o pH do solo aos 12 dias de incubação. A redução do pH foi muito pronunciada no caso de matéria orgânica baixa.

A aplicação contínua de fertilizantes NPK durante 12 anos baixou o pH em 1,0 a 1,2 unidades, enquanto o pH da parcela não fertilizada subiu de 7,7 para 7,8 após 12 anos de cultivo (Alok Kumar e Yadav, 1993). More (1994) observou que a aplicação de estrume de curral, chorume de biogás e palha de trigo diminuiu o pH de solos verticais sódicos em Parbhani.

Singh e Yadav (1994) observaram que o pH do solo não se alterou acentuadamente devido à utilização contínua de sulfato de amónio, bagaço de amendoim e FYM no solo de Padegoan e Muzaffarnagar. Por outro lado, a condutividade eléctrica diminuiu mais ao longo do tempo com a aplicação de composto como estrume.

Venkatesh (1995) notou uma redução significativa no pH do solo devido à aplicação de vermicomposto @ 5,0 t ha^{-1} . O conteúdo total de sais solúveis permaneceu inalterado devido ao facto de que as doses de fertilizantes adicionadas em diferentes tratamentos foram bastante pequenas e os sais adicionados através de fertilizantes podem ter sido lixiviados devido ao bom número de irrigações dadas às culturas.

Bellakki et al. (1998) observaram uma diminuição do pH de 8,45 para 8,35 nos tratamentos em que foram aplicados 50% de FTR + 50% de N através de gliricídia em relação ao controlo. A CE do solo aumentou ligeiramente de 0,21 dS m^{-1} para 0,23 dS m^{-1} em relação ao controlo.Srikanth et al. (2000) observaram uma diminuição do pH de um Alfisol devido à aplicação de FYM ou vermicomposto para suplementar 50% do fósforo recomendado para a cultura. O pH do solo no tratamento que recebeu a dose recomendada de fertilizante inorgânico foi de 7,24, que diminuiu para 7,08 e 7,04 devido à adição de FYM e vermicomposto, respetivamente. Yogananda et al. (2004) notaram que o pH do solo e a CE foram significativamente reduzidos pela aplicação de 4,25 t de composto urbano + 100:50:50 kg NPK ha^{-1} , 8,5 t de composto urbano + 50:50 kg PK ha^{-1} e 4,5 t de composto urbano + 50:50 kg NPK ha .$^{-1}$

2.3.2.2. Carbono orgânico

Helkaiah et al. (1981) verificaram que a aplicação de composto no solo aumentou o teor de carbono orgânico (0,49%) em relação ao controlo (0,32%) em solos negros. Koni (1983) observou que a incorporação de talo de milho e restolho de jowar juntamente com a dose normal de fertilizantes NPK aumentava o teor de carbono orgânico em 0,84 e 0,78%, respetivamente, e era significativamente superior à dose normal de fertilizante NPK (0,73%) em solos argilosos de Dharwad.

Nambiar e Ghosh (1984) referiram que as experiências de fertilização a longo prazo e o teor de carbono orgânico aumentaram consideravelmente com tratamentos 100% NPK + FYM em todos os solos e significativamente em alguns deles. A acumulação de carbono orgânico ao longo dos anos (1971-82) devido à aplicação de FYM juntamente com fertilizantes inorgânicos foi de 27 a 52% em solo aluvial, 50 a 92% em solo preto médio, 45 a 77% em solo de barro vermelho e 174% em solos lateríticos.

Swarup (1991) observou que os solos sódicos sob investigação eram altamente deficientes em carbono orgânico e conteúdo de N disponível e, ao incorporar 60 dias de idade sesbania turming

3,85 t ha^{-1} biomassa contribuiu com 110 kg N ha^{-1} observou-se uma melhoria global do carbono orgânico e do teor de N disponível no solo em todo o perfil em relação ao estado inicial e aos tratamentos de pousio. Bhandari et al. (1992) verificaram que o teor de carbono orgânico do solo aumentou significativamente com a aplicação de 100% de FTR, NPK. Bellakki e Badanur (1997) registaram um aumento significativo do teor de carbono orgânico dos solos superficiais e subsuperficiais e verificaram um aumento com a incorporação de FYM ou sunnhemp no solo. Estas observações estavam de acordo com os resultados de Badanur et al. (1990).

Krishnamoorthy (1995) verificou que a aplicação de adubos orgânicos registava um teor de carbono orgânico do solo significativamente mais elevado. Além disso, afirmou que a aplicação combinada de vermicomposto e Azospirillum também registou um maior teor de carbono orgânico no solo (0,611 %). O teor de carbono orgânico dos solos superficiais e subsuperficiais aumentou significativamente com a incorporação de FYM em combinação com fertilizantes, em comparação com a dose recomendada de fertilizantes apenas (Mathur, 1997). Babu e Reddy (2000) registaram um aumento significativo no teor de carbono orgânico do solo argiloso arenoso de 0,61 para 0,92% devido à adição de FYM @ 5t e N @ 50 kg ha^{-1} . Resultados semelhantes foram também registados por Santhy et al. (2000). Estudos conduzidos por Vasanthi e Kumaraswamy (2000) em solo argiloso vermelho revelaram que o conteúdo de carbono orgânico do tratamento que recebeu estrume de aves de capoeira ou estrume de ovelha/cabra @ 10t ha^{-1} juntamente com 50% RDF aumentou significativamente quando comparado com o tratamento que recebeu apenas fertilizantes inorgânicos.Ranjan Bhattacharya et al. (2004) verificaram que os teores de carbono orgânico oxidável e não oxidável do solo eram mais elevados nas parcelas tratadas com FYM nas duas primeiras profundidades (1,31 e 10,44 g C/kg em 0 - 15 cm; 1,87 e 8,44 g C/kg em 15 - 30 cm, respetivamente para o tratamento NPK + FYM) e eram significativamente mais elevados do que todos os outros tratamentos.

2.3.2.3. Fósforo disponível

More e Ghonsikar (1988) referiram que a aplicação de estrume de aves de capoeira juntamente com superfosfato simples no solo resultava numa maior disponibilidade de fósforo e que o estrume de aves de capoeira era superior à farinha de aveia e ao estrume de cabra. Bhanavase et al. (1992) observaram um aumento significativo do teor de fósforo disponível no solo devido à adição de FYM em combinação com ureia, em comparação com resíduos de culturas em combinação com ureia. Balaji (1994) registou níveis mais elevados de fósforo disponível no tratamento que recebeu vermicomposto ou FYM em combinação com fertilizantes químicos do que no controlo. Sharma e Singh (1991) relataram que a incorporação de FYM @ 15 t ha^{-1} juntamente com fósforo @ 66 kg ha^{-1} causou um aumento de duas vezes no conteúdo de fósforo disponível no solo após dois anos. Além disso, a aplicação de compostos de fósforo aumentou a disponibilidade de fósforo, o que foi atribuído à redução da fixação de P solúvel em água, ao aumento da mineralização de P orgânico devido à ação microbiana e ao aumento da mobilidade de P (Krishnamoorthy, 1991). Panneerselvam et al. (2000) estudaram o efeito da utilização conjunta de diferentes adubos orgânicos, como a FYM, o estrume de ovelha e o chorume biodigerido, e de fertilizantes inorgânicos na disponibilidade de fósforo em solos argilosos. O fósforo disponível no solo foi mais elevado com a aplicação de chorume biodigerido juntamente com FYM e foi comparável ao estrume de ovinos. Este facto foi atribuído à libertação de fósforo nativo do solo. Do mesmo modo, registou-se um aumento significativo do teor de fósforo disponível num Alfisol devido à adição de FYM ou vermicomposto (Srikanth et al., 2000). Mann et al. (2006) relataram que o conteúdo de fósforo disponível aumentou para 15,1, 18,4, 27,5 e 38,7 kg ha^{-1} a partir do valor inicial de 13,7 em 50, 100, 150 %NP e 100% NPK + 38, porque a eficiência do uso de fósforo varia entre 16 e 32% durante todo o ano. Por conseguinte, a adsorção do fósforo nos colóides do solo aumentou o seu teor no solo.

2.3.2.4. Potássio disponível

Pandey et al. (1985) referiram que a aplicação de resíduos como palha de trigo, milho e talos de jowar aumentou o teor de potássio disponível no solo de 282 kg ha^{-1} no controlo para um máximo de 357 kg ha^{-1} nas parcelas tratadas. Shinde e Gowade (1992) observaram um aumento no teor de K disponível no solo devido à adição de FYM à taxa de 15 t ha^{-1} de 235 kg ha^{-1} no controlo para 258 kg ha^{-1} no solo tratado. Sharma e Sharma (2002) revelaram que a aplicação de K aumentou significativamente o teor de K no solo em 3 a 4 kg m^{-1} no primeiro ano e em 17 a 19 kg ha^{-1} no segundo ano. O teor de K disponível no solo aumentou significativamente com a aplicação de FYM juntamente com NPK em vez de apenas NPK.

Surekha et al. (2004) notaram que o balanço parcial de K foi positivo com tratamentos de resíduos de culturas e negativo quando a palha foi removida (107 kg ha^{-1}). O potássio disponível aumentou significativamente com a incorporação de palha ou das suas cinzas (440 - 519 kg ha^{-1}) em relação ao controlo (377 kg ha^{-1}).

3. MATERIAIS E MÉTODOS

Foi realizada uma experiência em vaso sobre o **"Efeito da farinha de penas no rendimento e na composição química do milho"** durante o período de março a maio de 2013 no departamento de Ciência do Solo e Química Agrícola, B.A.C.A, AAU, Anand. Os materiais utilizados e os métodos adoptados para os trabalhos de investigação são descritos neste capítulo.

3.1 Material

3.1.1 Pena crua

As penas em bruto foram recolhidas no aviário do centro de investigação pecuária, AAU, Anand. Após a recolha, as penas foram levadas para o laboratório, lavadas com água da torneira, secas ao ar e ao sol, cortadas em pequenos pedaços, moídas até se obter um pó de penas e depois utilizadas n a experiência. A farinha de penas digerida foi preparada adoptando o seguinte procedimento:

3.1.2 Procedimento de preparação de farinha de penas digerida:

Foi adicionada água destilada a uma taxa de 200 ml por 10 g de penas secas inteiras. Em seguida, estas penas foram hidrolisadas durante 15 minutos a uma temperatura de 135 ^{0}C e a uma pressão de 207 kPa para produzir um produto azotado facilmente degradável. O tempo de hidrólise a vapor começou quando os níveis de temperatura e pressão especificados foram atingidos. Em seguida, as penas foram secas no forno a 70 ^{0}C e foram moídas para obter a forma de pó. Este produto final é designado por pena hidrolisada. (Choi, 1996) A farinha de penas digerida e o pó de penas utilizados nesta experiência continham 98,3% e 96% de matéria seca, respetivamente, e 12% de azoto.

3.2. EXPERIMENTO POT

3.2.1. Recolha de amostras de solo a granel

Uma grande quantidade de solo para o estudo em vaso foi recolhida na quinta de Agronomia, AAU, Anand. Após a recolha, o solo foi levado para o laboratório e seco ao ar livre à sombra. Foram retiradas pedras, seixos, raízes, etc., e os solos foram esmagados com um martelo de madeira e peneirados com um crivo de 2 mm. As propriedades físico-químicas iniciais do solo foram calculadas de acordo com procedimentos normalizados e os dados são apresentados no quadro 3.1.

3.2.2. Pormenores experimentais

Foi realizada uma experiência em vaso na casa de rede do departamento de Ciência do Solo e Química Agrícola, BACA, AAU, Anand, durante a época de verão de 2013, empregando os seguintes tratamentos. Dez quilogramas de solo foram colocados em vasos de barro e quantidades calculadas por tratamento de níveis graduados da dose recomendada de N sob a forma de solução de ureia e P sob a forma de fosfato de di-amónio (DAP), farinha de penas digerida e pó de penas foram também adicionados de acordo com o tratamento. Depois de aplicar os tratamentos ao solo em cada vaso, foram semeadas inicialmente cinco a seis sementes saudáveis de milho em cada vaso a uma profundidade adequada. O desbaste foi efectuado após a germinação e, finalmente, foram mantidas 3 plantas por vaso para o estudo.

Tabela 3.1: Propriedades físico-químicas iniciais do solo utilizado no estudo em casa de vegetação:

Sr. Não.	Parâmetro	Valor	Método adotado e referência
A	PROPRIEDADES FÍSICAS (Separados do solo, g 100-1 g)		
1	Areia grossa	0.64	Método Internacional da Pipeta (Piper, 1966)
	Areia fina	80.94	
	Silte	10.47	
	Argila	5.12	
2	Classe de textura	Loamy Areia	
3	Densidade a granel (mg/m3)	1.33	Método do copo de latão Jalotaet.al. (1998)
4	Capacidade de retenção de água	44.81	Caixa para copos em latão (Chopra e Kanwar,1976)
B	PROPRIEDADES QUÍMICAS		
1	pH (1:2.5)	7.94	Método potenciométrico (Jackson, 1973)
2	CE (1:2.5) dSm-1	0.225	Método de condutometria (Jackson, 1973)
3	Troca de catiões capacidade Cmol(P+) kg-1	16.50	Acetato de 1N-amónio método (Jackson, 1973)
3	Azoto total (kg ha-1)	1160	Kjeldahl (Jackson, 1973)
4	N disponível (kg ha-1)	141.12	Alcalino KMnO4 (Subbiah e Asija,1956)
4	P2O5 disponível (kg ha-1)	28.39	Método de espetrofotometria (Olsen et al.,1954)
5	K2O disponível (kg ha-1)	229	Neutro N NH4OAc Método de fotometria de chama (Jackson, 1973)

6	DTPA- Fe (ppm)	6.4	Espectroscopia de absorção atómica (0,005 M DTPA, pH 7,3) (Lindsay e Norvell,1978)
7	DTPA- Mn (ppm)	16.26	
8	DTPA-Zn (ppm)	1.10	
9	DTPA-Cu (ppm)	1.26	

Os vasos foram regados regularmente e as condições de ausência de ervas daninhas foram mantidas até aos 60 DAS necessários para a fase de desfolhamento da cultura do milho. As observações da altura das plantas no momento da colheita foram efectuadas de acordo com o crescimento da cultura em vasos. A cobertura de azoto com ureia foi feita aos 30 dias após a sementeira.

3.2.3 Pormenores do tratamento

A experiência em vaso incluiu onze tratamentos com três repetições (Quadro 3.2), envolvendo a utilização de dois níveis diferentes de azoto e a combinação com fontes orgânicas, nomeadamente pó de penas, farinha de penas digerida e estrume de quintal (FYM).

Tabela 3.2. Pormenores experimentais

(i)	(a) Manures levels	:	1. FYM : 10 t ha^{-1}, 2. Feather Powder : 500 kg ha^{-1}, 3. Feather Powder: 1000 kg ha^{-1}, 4. Digested Feather Meal: 500 $kgha^{-1}$, 5. Digested Feather Meal: 1000 kg ha^{-1}
	(b) Nitrogen levels	:	1. 100% RDN, 2. 75% RDN
(ii)	Treatments repetitions	:	Three (03)
(iii)	Treatment combinations	:	Eleven (11)
(iv)	Total no. of pots	:	11 × 3 = 33 pots
(v)	Pot capacity	:	10 kg soil pot^{-1} (3 plants/pot)
(vi)	Experimental design	:	CRD
(vii)	Cultura de ensaio	:	Milho (zea mays L.)
(viii)	Variedades	:	GM- 4
(ix)	Período de colheita	:	60 dias ou no estádio de borbulha
(x)	Dose de fertilizante	:	120 - 60 - 0 kg ha-1
(xi)	Fonte de N	:	Ureia
(xii)	Fonte de P	:	Fosfato de di-amónio (DAP)
(xiii)	Data de sementeira	:	18/03/2013
(xvi)	Data da colheita	:	18/05/2013

Tabela 3.3. Pormenores do tratamento

Tratar. Não	Detalhes do tratamento
T1	10 t FYM ha-1 + Dose recomendada de azoto
T2	500 kg de pó de penas ha-1 + 75% da dose recomendada de azoto
T3	500 kg de farinha de penas digeridas-1 + 75% da dose recomendada de azoto
T4	1000 kg de penas em póha-1 + 75% da dose recomendada de azoto
T5	1000 kg de farinha de penas digerida-1 + 75% da dose recomendada de azoto
T6	500 kg de pó de penas ha-1 + 100% da dose recomendada de azoto
T7	500 kg de farinha de penas digerida ha-1 + 100% da dose recomendada de azoto
T8	1000 kg de penas em póha-1 + 100% da dose recomendada de azoto
T9	1000 kg de farinha de penas digerida ha-1 + 100% da dose recomendada de Nitrogénio
T10	100% RDN através de pó de penas
T11	100% RDN através de pó de penas digerido
Nota: 60 kg de P2O5 foram dados em comum em todos os tratamentos.	

3.2.4. Adubos orgânicos

Os materiais orgânicos, nomeadamente o estrume de quintal (FYM), a farinha de penas (FM) e o bagaço de rícino (CC) foram analisados quanto aos seus teores de N, P e K antes da sua incorporação. Os resultados obtidos são apresentados de seguida.

Quadro 3.4 Composição química dos adubos orgânicos:

Sr. Não.	Materiais orgânicos	Composição dos nutrientes									
		N (%)	P (%)	K (%)	Fe (ppm)	Mn (ppm)	Zn (ppm)	Cu (ppm)	O.C. %	O.M. %	C:N Rácio
1.	Farinha de penas (FM)	12	0.32	0.14	241	7	70	14	55	96	4.58
2.	Farinha de penas digerida (DFM)	12	0.36	0.15	270	9	78	24	57	98	4.75

3.2.5. Operações pós-sementeira

3.2.5.1. Aplicação de fertilizantes

Os nutrientes azoto e fósforo foram aplicados através de fertilizantes como a ureia (46%) e o fosfato de di-amónio (DAP-18% N, 46% P2O5).

3.2.5.2. Irrigação e cuidados posteriores

Inicialmente, após a sementeira, foi administrado 1 litro de água de rega em cada vaso, quase todos os dias alternados ou terceiros dias. A monda manual foi realizada nos vasos com o objetivo de manter os vasos livres de infestação de ervas daninhas.

3.2.5.3. Observações da altura das plantas

As observações da altura das plantas foram efectuadas antes da colheita da planta de milho, na fase de desponta.

3.2.5.4. Colheita

O milho foi colhido na fase de desponta (60 dias). A colheita foi feita manualmente em 18/05/2013 e o peso fresco foi registado. De seguida, deixou-se secar ao sol. Depois disso, o peso da matéria seca total do produto foi registado separadamente para cada tratamento. Foi conservado para análise das plantas.

3.3. MÉTODOS

3.3.1 Análise do solo

3.3.1.1. Amostragem, preparação e tratamento do solo

Após a colheita da cultura do milho, as amostras de solo foram recolhidas e secas ao ar no laboratório. As amostras de solo secas ao ar foram trituradas com um almofariz e um pilão de madeira. Depois de trituradas, as amostras de solo foram peneiradas através de um crivo de 2 mm e conservadas em sacos de polietileno devidamente rotulados e preservados para análise química. Os procedimentos seguidos para a estimativa de vários parâmetros são apresentados no quadro seguinte. 3.5.

Tabela.3.5. Métodos de análise do solo e das plantas.

N.º Sr.	Elemento	Métodos	Referência
A	Análise do solo		
1	P2O5 disponível	0,5 M NaHCO3, pH 8,5, Espectrofotometria	Olsen et al. (1954)
2	K2O disponível	Neutro N NH4OAc Fotometria de chama	Jackson, 1973
3	pH, CE	1:2.5 (solo: água)	

4	Carbono orgânico	Método de oxidação húmida	Walkley e Black's, 1934
B	Análise de plantas		
1.	Azoto (%)	Digestão de Kjeldahl modificada Método	Jackson, 1973
2.	Fósforo (%)	Método da cor amarela do ácido fosfórico vanadomolíbdico em ácido nítrico sistema	
3.	Potássio (%)	Determinação fotométrica de chama	
4.	Enxofre (%)	Método de turbidimetria	Chesmin e Yien, 1950
5.	Ferro, Manganês, Zinco, Cobre	Espectrofotómetro de absorção atómica	Lindsay e Norvell, 1978

3.3.2. Análise de plantas

3.3.2.1. Preparação do extrato di-ácido

A análise química das amostras de plantas foi efectuada através da digestão de 1 g de amostras de plantas em pó com uma mistura de ácidos diários HNO_3:$HClO_4$ (4:1), de acordo com o procedimento descrito por Jackson (1973), tendo sido preparados extractos ácidos. Este extrato ácido das amostras de plantas foi utilizado para analisar o teor total de N, P, K, S, Fe, Mn, Zn e Cu.

3.3.3. Cálculo do teor e da absorção de nutrientes

A concentração de todos os nutrientes na palha foi expressa em percentagem para os principais nutrientes com base no peso seco. A absorção destes nutrientes foi calculada utilizando a seguinte fórmula.

For major and secondary nutrient

$$\text{Nutrient uptake} = \frac{\text{Nutrient content (\%)} \times \text{Dry matter yield (g pot}^{-1}) \times 1000}{100} \quad (\text{mg pot}^{-1})$$

$$\text{Micro Nutrient uptake (mg pot}^{-1}) = \frac{\text{Nutrient Content (mg kg}^{-1}) \times \text{Dry matter yield (g pot}^{-1})}{1000}$$

3.3.4 Análise estatística

Os dados experimentais gerados durante a experiência em vaso foram analisados estatisticamente para o seu teste de significância de acordo com o Desenho Completamente Aleatório, utilizando as instalações disponíveis no Departamento de Estatística Agrícola, B. A. College of Agriculture, AAU, Anand. Os resultados são relatados a um nível de significância de 5% (Steel e Torrie, 1982).

4. RESULTADOS E DISCUSSÃO

A presente investigação foi realizada para estudar o efeito da farinha de penas nas propriedades do solo e no crescimento da cultura do milho, conduzida durante a época de verão do ano de 2013 na casa de rede do departamento de Ciência do Solo e Química Agrícola, Universidade Agrícola de Anand, Anand, Gujarat. Os dados relativos aos efeitos dos diferentes tratamentos nos atributos de rendimento, rendimento e parâmetros químicos foram submetidos a uma análise estatística para testar a importância dos resultados. As alterações na disponibilidade de diferentes nutrientes no solo foram estudadas após a colheita da cultura. Os resultados obtidos na presente investigação são aqui apresentados. Para estudar o "efeito da farinha de penas no rendimento e na composição química do milho", foi efectuada uma experiência em vaso. Foi efectuada uma experiência em vaso para estudar a resposta do milho à aplicação de pó de penas e de farinha de penas digerida. A colheita final de três plantas por vaso foi efectuada na fase de desponta (60 DAS). Nesta fase, foram registadas observações como a altura da planta, o peso verde e o peso seco. As amostras de plantas e de solo de cada tratamento foram recolhidas e analisadas para os diferentes parâmetros. Os resultados registados nas experiências acima referidas são apresentados e discutidos neste capítulo sob os seguintes títulos:

4.1 Efeito do pó de penas, da farinha de penas digerida e da FYM no rendimento de matéria fresca e seca do milho

4.2 Efeito do pó de penas, da farinha de penas digerida e da FYM na composição química do milho

4.3 Efeito do pó de penas, da farinha de penas digerida e da farinha de forragem nas propriedades químicas e no estado dos nutrientes disponíveis no solo após a colheita do milho

4.1. Efeito da FP, DFM e FYM na altura da planta, rendimento de matéria fresca e seca na colheita do milho

4.1.1 Efeito da FP, DFM e FYM na altura das plantas aquando da colheita do milho

Os dados relativos à altura da planta de milho afetada pelo PF, DFM e FYM são apresentados no Quadro 4.1. A altura da planta de milho foi registada na colheita da cultura e os valores da altura da planta mostraram uma variação significativa devido aos diferentes tratamentos de PF, DFM e FYM. Os dados variaram de 109,95 cm (T1) a 130,36 cm (T9). A maior altura de planta foi registada no tratamento T9 (1000 kg DFM ha^{-1} + 100% RDN), que foi significativamente maior do que T3, T1, T11 e T10, enquanto que foi igual a T8, T5, T6, T2 e T7. A altura da planta aumentou devido à aplicação de 1000 kg DFM ha^{-1} juntamente com 100% RDF sobre a planta mais curta registada em T1 (10 t FYM ha^{-1} + 100% RDF) foi de 18,56%.

Tabela: 4.1. Efeito de FP, DFM e FYM na altura da planta na colheita de milho

Tratamento	Altura da planta (cm)
T1: 10 t FYM ha-1 + 100% RDN	109.95
T2 : 500 kg FP ha-1 + 75% RDN	126.29
T3 : 500 kg DFM ha-1 + 75% RDN	119.07
T4 : 1000 kg FP ha-1 + 75% RDN	125.87
T5 : 1000 kg DFM ha-1 + 75% RDN	128.60
T6 : 500 kg FP ha-1 + 100% RDN	127.79
T7 : 500 kg DFM ha-1 + 100% RDN	126.21
T8 : 1000 kg FP ha-1 + 100% RDN	128.89
T9 : 1000 kg DFM ha-1 + 100% RDN	130.36
T10 : 100% RDN através de PF	118.79
T11: 100% RDN através de DFM	120.28
S.Em. ±	3.391
C.D a 5%	9.94
C.V. %	4.74

Observou-se que a diferença não significativa entre T9, T8, T3, T6, T2 e T7 indicou que 500 kg FP ou DFM com 100% RDN foi considerado igualmente benéfico no aumento da altura da planta. Mais sobre todos os tratamentos FP e DFM foram considerados significativamente superiores ao T1 (10 t FYM ha^{-1} + 100% RDN). Isto pode ser devido à maior quantidade de azoto fornecida pelo PF e DFM. Efeitos favoráveis semelhantes dos tratamentos com estrume de aves produzem valores mais elevados para a altura, índice de área foliar e biomassa foram encontrados por Boateng et. al. (2006). Resultados semelhantes do efeito do estrume de aves e da fonte inorgânica de nutrientes no crescimento e rendimento do milho foram registados por Haque et. al. (2011). Além disso, efeitos favoráveis semelhantes foram registados por Farhad et. al. (2009) e Ogundare et al. (2012).

4.1.2 Efeito da FP, DFM e FYM no rendimento fresco do milho.

Os dados apresentados no quadro n.º 4.2 do rendimento fresco influenciado por diferentes tratamentos de FP, DFM e FYM na cultura do milho. O peso fresco da planta de milho foi registado imediatamente após a colheita da cultura. Os valores da biomassa verde foram significativamente alterados pelos efeitos dos tratamentos. Observou-se que o rendimento fresco da planta de milho verde variou de 77,79 g de $vaso^{-1}$ (T11) a 146,35 g de $vaso^{-1}$ (T9). A aplicação de 1000 kg de DFM ha^{-1} juntamente com 100% de RDN aumentou significativamente o rendimento fresco em relação aos restantes tratamentos, exceto no tratamento T8, onde foram aplicados 1000 kg de FP ha^{-1} juntamente com 100% de RDN. Não houve diferença significativa entre o efeito do FP e DFM quando aplicado a 1000 kg ha^{-1} juntamente com 100% RDN.

Tabela: 4.2. Efeito da FP, DFM e FYM no rendimento de matéria fresca e seca do milho

Tratamento	Rendimento fresco (g pote-1)	Rendimento de matéria seca (g pot-1)
T1: 10 t FYM ha-1 + 100% RDN	89.28	30.37
T2 : 500 kg FP ha-1 + 75% RDN	114.13	38.82
T3 : 500 kg DFM ha-1 + 75% RDN	111.62	37.97
T4 : 1000 kg FP ha-1 + 75% RDN	128.86	43.83
T5 : 1000 kg DFM ha-1 + 75% RDN	130.78	44.48
T6 : 500 kg FP ha-1 + 100% RDN	114.53	38.96
T7 : 500 kg DFM ha-1 + 100% RDN	113.60	38.66
T8 : 1000 kg FP ha-1 + 100% RDN	137.97	46.93
T9 : 1000 kg DFM ha-1 + 100% RDN	146.35	49.78
T10 : 100% RDN através de PF	84.08	28.60
T11: 100% RDN através de DFM	77.79	26.46
S.Em. ±	4.68	1.59
C.D a 5%	13.72	4.66
C.V. %	9.20	7.14

No entanto, os outros tratamentos foram considerados significativamente inferiores a T9 e T8. Assim, o aumento percentual da produção fresca em T9 e T8 foi de 88,13% e 77,36%, respetivamente, acima do valor mais baixo registado em T11 (100% RDN através de DFM). Isto pode ser devido ao azoto adicional libertado pelo PF e DFM em T8 e T9. Resultados benéficos semelhantes foram registados por Ahmed et al. (2007). Além disso, os parâmetros de crescimento mostraram um aumento significativo devido à utilização de fontes orgânicas e inorgânicas de azoto em diferentes combinações por diferentes trabalhadores Udam e Bello, (2009), Modupeola et al. (2011), Isah et al., (2009) e Lagoke e Isah, (2010).

4.1.3 Efeito da FP, DFM e FYM no rendimento de matéria seca do milho.

Os dados apresentados no quadro n.º 4.2 do rendimento de matéria seca do milho são influenciados por diferentes níveis de aplicação de estrume concentrado FP, DFM e FYM com fertilizantes. O rendimento de matéria seca da planta de milho após a colheita da cultura foi registado, tendo sido significativamente afetado pelo tratamento FP, DFM e FYM. O rendimento de matéria seca da planta de milho variou de 26,46 g de $vaso^{-1}$ (T11) a 49,79 g de vaso^{-1} (T9). A variação entre os dados dos diferentes tratamentos foi significativa. A aplicação de 1000 kg DFM ha^{-1} juntamente com 100% RDN no tratamento T9 foi significativamente superior aos restantes tratamentos, exceto T8 (1000 kg FP ha^{-1} + 100% RDN) que foi 64%, 74% e 88% superior aos tratamentos T1, T10 e T11, respetivamente. Observou-se que a produção de matéria seca nos tratamentos T2 (500 kg FP ha^{-1} + 75% RDN), T3 (500 kg DFM ha^{-1} + 75% RDN), T4 (1000 kg DFM ha^{-1} + 75% RDN) e T5 (1000 kg DFM ha^{-1} + 75% RDN) onde 75% da dose recomendada de nitrogénio (90 kg ha^{-1}) foi aplicada com FP e DFM foram significativamente maiores em comparação com os tratamentos onde 100% da dose recomendada de nitrogénio (120 kg ha^{-1}) foi aplicada através de FP e DFM (T10 e T11). Não houve diferença significativa entre o efeito do FP e DFM quando aplicado @ 1000 kg ha^{-1} juntamente com 100% RDN (T8 e T9). A aplicação de 100% de N através do PF e DFM sob o tratamento T10 e T11 não variou significativamente em comparação com 10 t FYM ha^{-1} + RDF.

A diferença de rendimento entre dois pares de tratamentos T9, T8 e T4, T5 deveu-se a um aumento de 25% do azoto fertilizante. No entanto, a comparação entre FP e DFM não mostrou qualquer efeito adicional da farinha de penas digerida em relação ao pó de penas simples. Mas a farinha de penas digerida, sob qualquer forma, aplicada à cultura do milho com fertilizante, foi considerada benéfica.

A aplicação de PF e DFM com fertilizante inorgânico aumentou o rendimento do milho em comparação com 10t FYM ha^{-1} + RDF (controlo). Isto pode dever-se ao maior teor de azoto disponível no PF e no DFM. Quanto maior for o fornecimento de azoto orgânico ao milho no período de crescimento, maior será o rendimento da cultura do milho. Resultados semelhantes foram registados por Chandrashekar et al. (2000), Savalgi e Savalgi, (1992) e Singh (1997).

4.2 Efeito da FP, DFM e FYM na composição química do milho

4.2.1 Teor e absorção de azoto

Os dados relativos ao teor e absorção de azoto pelo milho, afectados pelo PF, DFM e FYM, são apresentados no Quadro 4.3.

4.2.1 (a) Teor de azoto

Os efeitos do PF, DFM e FYM no teor de azoto da cultura do milho são apresentados no Quadro n.º 4.3. Os dados do teor de azoto da cultura do milho foram significativamente afectados pela aplicação do PF e do DFM apresentados no Quadro 4.3. Os dados variaram de 1,41% (T10) a 2,21% (T9). A variação entre os dados dos diferentes tratamentos é significativa. Entre todos os onze tratamentos, a aplicação de 1000 kg DFM ha^{-1} juntamente com 100% RDF no tratamento T8 mostrou um teor de azoto significativamente mais elevado do que todos os tratamentos. O tratamento T8 foi igual aos tratamentos T4, T5, T7 e T8, enquanto que foi 56,73%, 41,66% e 32,33% superior aos tratamentos T10, T11 e T1, respetivamente. A aplicação de FP e DFM @ 1000 kg ha^{-1} com os diferentes níveis de azoto aumentou significativamente o teor de azoto na cultura do milho. Nos tratamentos T10 e T11, a aplicação de 100% de RDN através de FP e 100% de RDN através de DFM produziu resultados mais baixos de teor de azoto no milho e foram iguais aos valores em T10. A combinação de PF e DFM, juntamente com 75% e 100% da dose recomendada de azoto, pode aumentar o teor de azoto do milho. Resultados semelhantes foram registados por Singh (1997) e Gupta (1979).

4.2.1 (b) Absorção de azoto

Os efeitos da FP, DFM e FYM na absorção de azoto pelo milho são apresentados no Quadro n.º 4.3. Os dados de absorção de azoto afectados pelo P F , DFM e FYM com a combinação de tratamentos de fertilizantes inorgânicos variaram entre 399,69 mg de vaso^{-1} (T10) e 1100,63 mg de vaso^{-1} (T9). A diferença entre os dados dos valores de absorção foi significativa. A absorção máxima de azoto de 1100,63 mg pote^{-1} foi registada no tratamento T9 (1000 kg DFM ha^{-1} + 100% RDN) e foi significativamente mais elevada do que nos tratamentos T4, T5, enquanto que no T8 foi 117,89%, 76,43%, 71,20%, 32,45%, 175.39%, 166% maior do que os tratamentos T1 (10 t FYM ha^{-1} + 100% RDN), T2 (500 kg FP ha^{-1} + 75% RDN), T6 (500 kg FP ha^{1} + 100% RDN), T7 (500 kg DFM ha^{-1} + 100% RDN) , T10 (100% RDN através de FP) e T11 (100% RDN através de DFM) respetivamente, enquanto também foi observado que quando o fertilizante nitrogenado foi reduzido em 25%, foi notada uma redução significativa na absorção de nitrogênio.

Tabela: 4.3. Efeito da FP, DFM e FYM no teor e absorção de azoto do milho

Tratamento	Teor de N (%)	Absorção de N (mg pot-1)
T1: 10 t FYM ha-1 + 100% RDN	1.67	506.89
T2 : 500 kg FP ha-1 + 75% RDN	1.61	623.80
T3 : 500 kg DFM ha-1 + 75% RDN	1.58	592.08
T4 : 1000 kg FP ha-1 + 75% RDN	2.15	937.94
T5 : 1000 kg DFM ha-1 + 75% RDN	2.20	979.47
T6 : 500 kg FP ha-1 + 100% RDN	1.65	642.88
T7 : 500 kg DFM ha-1 + 100% RDN	2.15	830.96
T8 : 1000 kg FP ha-1 + 100% RDN	2.11	989.34
T9 : 1000 kg DFM ha-1 + 100% RDN	2.21	1100.63
T10 : 100% RDN através de PF	1.41	399.69
T11: 100% RDN através de DFM	1.56	413.37
S.Em. ±	0.08	39.53
C.D a 5%	0.26	115.97
C.V. %	8.38	9.40

Resultados semelhantes foram registados por Pawar (1996), Nanjappa et al. (2001), Yaduvanshi (2001), Wild et al. (2011).

4.2.2 Teor e absorção de fósforo

Os dados relativos ao teor e absorção de fósforo pelo milho, afectados pelo PF, DFM e FYM, são apresentados no Quadro 4.4.

4.2.2 (a) Teor de fósforo

Os efeitos do PF, DFM e FYM no teor de fósforo da cultura do milho são apresentados no Quadro n.º 4.4. Os dados do teor de fósforo afectados pelo PF, DFM e FYM com tratamentos de fertilizantes inorgânicos variaram de 0,16% a 0,22%. A variação entre os dados dos diferentes tratamentos não foi significativa. No entanto, o teor máximo de fósforo da cultura do milho 0,22% foi registado no tratamento T3 (500 kg DFM ha^{-1} + 75% RDN) que foi 37,5% superior aos valores mais baixos registados no tratamento T9. O pó de penas e a farinha de penas digerida continham apenas azoto na sua composição, pelo que os efeitos no teor de P não foram significativos. No entanto, muitos trabalhadores relataram efeitos positivos da aplicação de diferentes estrumes na concentração de P das plantas Mathivanan et al. (2013), Guan (1989), Prasanthrajan e kovilpillai (2012), Tolanur e Badanur (2003).

Tabela: 4.4. Efeito da FP, DFM e FYM no teor e absorção de fósforo do milho

Tratamento	Teor de P (%)	Absorção de P (mg pot-1)
T1: 10 t FYM ha-1 + 100% RDN	0.21	84.47
T2 : 500 kg FP ha-1 + 75% RDN	0.19	73.25
T3 : 500 kg DFM ha-1 + 75% RDN	0.22	81.83
T4 : 1000 kg FP ha-1 + 75% RDN	0.19	82.14
T5 : 1000 kg DFM ha-1 + 75% RDN	0.19	85.89
T6 : 500 kg FP ha-1 + 100% RDN	0.21	92.13
T7 : 500 kg DFM ha-1 + 100% RDN	0.19	75.13
T8 : 1000 kg FP ha-1 + 100% RDN	0.19	89.67
T9 : 1000 kg DFM ha-1 + 100% RDN	0.16	79.67
T10 : 100% RDN através de PF	0.17	47.91
T11: 100% RDN através de DFM	0.21	55.04
S.Em. ±	0.011	4.04
C.D a 5%	NS	11.85
C.V. %	10.05	9.09

4.2.2 (b) Absorção de fósforo

Os efeitos da FP, DFM e FYM na absorção de fósforo pela cultura do milho são apresentados no Quadro 4.4. A aplicação de PF, DFM e FYM afectou significativamente os valores de absorção de fósforo do milho. Os dados obtidos variaram de 47,91 mg pot^{-1} (T10) a 92,13 mg pot^{-1} (T6). A absorção máxima de fósforo de 92,13 mg de vaso^{-1} pela cultura do milho foi registada no tratamento T6, que estava a par com o tratamento T1 (10 t FYM ha^{-1} + 100% RDN), T3 (500 kg DFM ha^{-1} + 75% RDN), T4 (1000 kg FP ha^{-1} + 75% RDN), T5 (1000 kg DFM ha^{-1} + 75% RDN) e T8 (1000 kg FP ha^{-1} + 100% RDN) e foi 25.77 %, 22,63 %, 15,64 %, 92,30 % e 67,51% mais elevados em relação aos tratamentos T1, T2, T7, T9, T10 e T11, respetivamente. Resultados semelhantes foram estudados por Yaduvanshi (2001), Baskar (2003), Gupta et al. (1999) e Biju Joseph (1994).

4.2.3 Teor e absorção de potássio

Os dados relativos ao teor e absorção de potássio pelo milho, afectados pelo PF, DFM e FYM, são apresentados no Quadro 4.5.

4.2.3 a) Teor de potássio

Os efeitos da FP, DFM e FYM no teor de potássio da cultura do milho são apresentados no Quadro 4.5.

Tabela: 4.5. Efeito da FP, DFM e FYM no teor e absorção de potássio do milho

Tratamento	Teor de K (%)		Absorção de K (mg pot-1)
T1: 10 t FYM ha-1 + 100% RDN	1.20		422.07
T2 : 500 kg FP ha-1 + 75% RDN	1.26		472.40
T3 : 500 kg DFM ha-1 + 75% RDN	1.34		497.44
T4 : 1000 kg FP ha-1 + 75% RDN	1.25		592.84
T5 : 1000 kg DFM ha-1 + 75% RDN	1.27		596.42
T6 : 500 kg FP ha-1 + 100% RDN	1.33		543.38
T7 : 500 kg DFM ha-1 + 100% RDN	1.26		526.19
T8 : 1000 kg FP ha-1 + 100% RDN	1.31		614.01
T9 : 1000 kg DFM ha-1 + 100% RDN	1.29		590.70
T10 : 100% RDN através de PF	1.35		385.45
T11: 100% RDN através de DFM	1.24		353.90

S.Em. ±	0.05		18.77
C.D a 5%	NS		55.06
C.V. %	7.33		6.39

Os dados sobre o teor de potássio afetado pelo PF, DFM e FYM com tratamentos de fertilizantes inorgânicos variaram de 1,20% (T1) a 1,35% (T19). A variação entre os dados dos diferentes tratamentos não foi significativa. No entanto, o teor máximo de potássio da cultura do milho, 1,35%, foi registado no tratamento T10 (100% RDN através de FP), que foi 12,5% superior ao controlo (T1), onde foi registado o teor mais baixo de potássio, 1,20%, mas esta diferença não foi estatisticamente significativa. No entanto, as aplicações de FP e DFM aumentaram favoravelmente o teor de potássio em comparação com 10 t FYM ha^{-1} + 100% RDF. Resultados semelhantes foram registados por Devarajan e Palaniappan (1995), Kumar et al. (2002) e Dixit e Gupta (2000), Mban et al. (2000) Ashrafi et al., (2010) e Madhavi et al. (1995).

4.2.3 (b) Absorção de potássio

Os dados sobre os efeitos da FP, DFM e FYM na absorção de potássio pela cultura do milho são apresentados no Quadro n.º 4.5. Os valores de absorção de potássio da cultura do milho mostraram uma variação significativa devido à aplicação de FP, DFM e FYM. Os valores de absorção de potássio variaram significativamente de 353,9 mg pot^{-1} (T11) a 614,01 mg pot^{-1} (T8). A absorção máxima de potássio de 614,01 mg $pote^{-1}$ foi observada no tratamento T8 pela aplicação de 1000 kg FP ha^{-1} juntamente com 100% RDF e a absorção mais baixa de potássio de 353,9 mg $pote^{-1}$ foi observada no tratamento T11 pela aplicação de 100% RDN através DFM para a cultura do milho. Os valores de absorção de potássio no tratamento T8 foram iguais aos dos tratamentos T4, T5 e T9 e foram 73,5 % superiores aos do tratamento T11. As aplicações de FP e DFM combinadas com fertilizantes inorgânicos aumentaram favoravelmente a absorção de potássio da cultura do milho em comparação com o tratamento T1 (10 t FYM ha^{-1} + 100% RDF). Os resultados estão em linha com os relatados por Shilpashree et al. (2012).

4.2.4 Teor e absorção de enxofre

Os dados relativos ao teor e absorção de enxofre pelo milho, afectados pelas aplicações de PF, DFM e FYM, são apresentados no Quadro-4.6.

4.2.4 (a) Teor de enxofre

Os efeitos da FP, DFM e FYM no teor de enxofre do milho são apresentados no Quadro No.4.6. Foi observada uma variação não significativa no teor de enxofre da cultura do milho com a aplicação de FP e DFM. A variação do teor de enxofre foi observada de 0,1% nos tratamentos T1, T8, T10 a 0,120% nos tratamentos T2, T3, T4 e T7. As aplicações dos tratamentos FP, DFM e FYM não alteraram significativamente o teor de S das plantas de milho nesta experiência. Mas muitos trabalhadores relataram que a aplicação de adubos orgânicos poderia aumentar o teor de S das plantas Kim et al. (1985), Jayanta Kumar Saha (2003) e Ashrafi et al., (2010).

Tabela: 4.6. Efeito da FP, DFM e FYM no teor e absorção de enxofre do milho

Tratamento	Teor de S (%)	Absorção de S (mg pot-1)
T1: 10 t FYM ha-1 + 100% RDN	0.10	30.79
T2 : 500 kg FP ha-1 + 75% RDN	0.12	50.83
T3 : 500 kg DFM ha-1 + 75% RDN	0.12	46.43
T4 : 1000 kg FP ha-1 + 75% RDN	0.12	60.39
T5 : 1000 kg DFM ha-1 + 75% RDN	0.11	48.55
T6 : 500 kg FP ha-1 + 100% RDN	0.11	43.99
T7 : 500 kg DFM ha-1 + 100% RDN	0.12	46.18
T8 : 1000 kg FP ha-1 + 100% RDN	0.10	46.68
T9 : 1000 kg DFM ha-1 + 100% RDN	0.11	55.94
T10 : 100% RDN através de PF	0.10	28.43
T11: 100% RDN através de DFM	0.11	28.54
S.Em. ±	0.007	2.42
C.D a 5%	NS	7.10
C.V. %	10.22	9.47

Foi observada uma variação não significativa no teor de enxofre da cultura do milho com a aplicação de FP e DFM. A variação do teor de enxofre foi observada de 0,1% nos tratamentos T1, T8, T10 a 0,120% nos tratamentos T2, T3, T4 e T7. As aplicações dos tratamentos FP, DFM e FYM não alteraram significativamente o teor de S das plantas de milho nesta experiência. Mas muitos trabalhadores relataram que a aplicação de adubos orgânicos poderia aumentar o teor de S das plantas Kim et al. (1985), Jayanta Kumar Saha (2003) e Ashrafi et al., (2010).

4.2.4 (b) Absorção de enxofre

A aplicação de FP, DFM e FYM combinada com fertilizantes inorgânicos afectou a absorção de enxofre pela cultura do milho, como se pode ver no Quadro 4.6. Os valores de absorção de enxofre do milho variaram de 28,43 mg de vaso^{-1} (T10) a 60,39 mg de vaso^{-1} (T4). A variação entre os dados dos diferentes tratamentos foi significativa. A absorção máxima de enxofre de 60,39 mg pote^{-1} foi registada no tratamento T4 (1000 kg FP ha^{-1} + 75% RDN) que foi a par com o tratamento T9 (1000 kg DFM ha^{-1} + 100% RDN) e foi 112,41 % superior ao tratamento T10 (100% RDN através de FP). A menor absorção de enxofre de 28,43 mg pot^{-1} foi registada no tratamento T10 e esta diferença foi estatisticamente significativa. Resultados semelhantes foram registados por Ashrafi et al. (2010), Kumar et al. (2012) e Jayanta Kumar Saha (2003).

4.2.5 Teor e absorção de ferro

Os dados relativos ao teor e absorção de ferro pelo milho, afectados pelo PF, DFM e FYM combinados com fertilizantes inorgânicos, são apresentados no Quadro 4.7.

4.2.5 (a) Teor de ferro

Os efeitos da FP, DFM e FYM no teor de ferro da cultura do milho são apresentados no Quadro No.4.7.

Tabela: 4.7. Efeito da FP, DFM e FYM no teor e absorção de Fe do milho

Tratamento	Teor de Fe (mg kg-1)	Absorção de Fe (mg pot-1)
T1: 10 t FYM ha-1 + 100% RDN	725.33	22.04
T2 : 500 kg FP ha-1 + 75% RDN	538.33	20.96
T3 : 500 kg DFM ha-1 + 75% RDN	787.67	29.95
T4 : 1000 kg FP ha-1 + 75% RDN	625.67	27.39
T5 : 1000 kg DFM ha-1 + 75% RDN	711.33	31.66
T6 : 500 kg FP ha-1 + 100% RDN	555.33	21.63
T7 : 500 kg DFM ha-1 + 100% RDN	602.67	23.39
T8 : 1000 kg FP ha-1 + 100% RDN	612.67	28.79
T9 : 1000 kg DFM ha-1 + 100% RDN	586.67	29.21
T10 : 100% RDN através de PF	557.33	16.02
T11: 100% RDN através de DFM	523.67	13.75
S.Em. ±	50.92	2.17
C.D a 5%	NS	6.37
C.V. %	11.21	15.61

A leitura dos dados indicou que a aplicação de FP, DFM e FYM não afectou significativamente o teor de ferro da cultura do milho. Os dados obtidos variaram de 523,67 mg kg^{-1} (T11) a 787,67 mg kg^{-1} (T3). A variação entre os dados não foi significativa. No entanto, o teor máximo de ferro de 787,67 mg kg^{-1} pela cultura do milho foi registado no tratamento T3 (500 kg DFM ha^{-1} + 75% RDN), que foi 50,41% superior ao tratamento T11 (100% RDN através de DFM). O teor de ferro mais baixo, 523,67 mg kg^{-1} , foi registado no tratamento T11 (100% RDN através de DFM).

No entanto, estes efeitos benéficos da FP e DFM em combinação com fertilizantes não atingiram o nível de significância. Resultados semelhantes foram registados por Feritet al. (2013) e Mathivanan et al. (2013).

4.2.5 (b) Absorção de ferro

Os efeitos da FP, DFM e FYM no teor de ferro da cultura do milho são apresentados no quadro n.º 4.7. Os dados relativos à absorção de ferro pelo milho são apresentados no quadro n.º 4.7. 4.7. Os dados relativos à absorção de ferro influenciada pelos diferentes tratamentos variaram entre 13,75 mg no vaso^{-1} (T11) e 31,66 mg no vaso^{-1} (T5). A variação foi significativa. O tratamento T5 (1000 kg DFM ha^{-1} + 75% RDN) mostrou a absorção máxima de ferro 31,660 mg pote^{-1} que foi a par com os tratamentos T3, T4, T8 e T9 e foi 18,02% superior ao T11 (100% RDN através de DFM) onde foi registada a absorção mais baixa de ferro de 13,75 mg pote^{-1} . A aplicação de FP e DFM com 75% e 100% da dose recomendada de azoto aumentou a absorção de ferro da planta de milho em comparação com 100% de azoto através de FP e DFM e FYM. Resultados semelhantes foram registados por Ghosh et al. (2001), Kumar et al. (2012).

4.2.6 Teor e absorção de manganês

Os dados relativos ao teor e absorção de manganês pelo milho, afectados pela FP, DFM e FYM, são apresentados no Quadro 4.8.

4.2.6 a) Teor de manganês

Os dados relativos ao teor de manganês do milho são apresentados na Tabela 4.8. Os dados do teor de manganês influenciados pelos diferentes tratamentos variaram de 33,67 mg kg^{-1} (T10) a 58 mg kg^{-1} (T3). A variação não foi significativa. No entanto, o teor mais elevado de manganês na cultura do milho foi de 58 mg kg^{-1} registado no tratamento T3 (500 kg DFM ha^{-1} + 75% RDN), que foi 72,26% superior ao tratamento T10 (100% RDN através de FP), ou seja, onde foi registado o teor mais baixo de manganês de 33,67 mg kg^{-1} , mas esta diferença não foi estatisticamente significativa. A aplicação de FP e DFM juntamente com 75% e 100% da dose recomendada de azoto aumentou a absorção de ferro da planta de milho em comparação com 100% de azoto através de FP, DFM e FYM. No entanto, estes efeitos benéficos da FP e DFM em combinação com fertilizantes não atingiram o nível de significância.

Tabela: 4.8. Efeito da FP, DFM e FYM no teor e absorção de Mn do milho

Tratamento	Teor de Mn (mg kg-1)	Absorção de Mn (mg pote-1)
T1: 10 t FYM ha-1 + 100% RDN	45.33	1.37
T2 : 500 kg FP ha-1 + 75% RDN	51.00	1.98
T3 : 500 kg DFM ha-1 + 75% RDN	58.00	2.24
T4 : 1000 kg FP ha-1 + 75% RDN	49.33	2.16
T5 : 1000 kg DFM ha-1 + 75% RDN	54.67	2.43
T6 : 500 kg FP ha-1 + 100% RDN	56.33	2.18
T7 : 500 kg DFM ha-1 + 100% RDN	54.00	2.09
T8 : 1000 kg FP ha-1 + 100% RDN	56.33	2.64
T9 : 1000 kg DFM ha-1 + 100% RDN	45.00	2.23
T10 : 100% RDN através de PF	33.67	0.97
T11: 100% RDN através de DFM	48.33	1.27
S.Em. ±	4.26	0.17
C.D a 5%	NS	0.52
C.V. %	10.71	14.83

Resultados semelhantes foram registados por Ghosh et al. (2001), Madhavi et al. (1995), Singh et al. (1992) e Kumar et al. (2012).

4.2.6 (b) Absorção de manganês

Os efeitos da FP, DFM e FYM na absorção de manganês pela cultura do milho são apresentados na Tabela No.4.8. Os dados relacionados com a absorção de manganês devido à aplicação de FP e DFM mostraram resultados significativos, variando de 0,97 mg pot^{-1} (T10) a 2,64 mg pot^{-1} (T8) pela aplicação de diferentes tratamentos. A variação entre os dados dos diferentes tratamentos foi significativa. A absorção máxima de manganês de 2,64 mg pote^{-1} foi mostrada no tratamento T8 (1000 kg FP ha^{-1} + 100% RDN), que foi a par dos tratamentos T3, T4, T5, T6 e T9, que foi 172% maior do que o tratamento T10 (100% RDN através de FP), ou seja, onde a menor absorção de manganês de 0,97 mg pote^{-1} foi registada e esta diferença foi estatisticamente significativa. A aplicação de FP e DFM juntamente com 75% e 100% da dose recomendada de nitrogênio aumentou a absorção de manganês da planta de milho em comparação com 100% de nitrogênio através de FP e DFM e FYM. Resultados semelhantes foram registados por Kher e Minhas (1991), Madhavi et al. (1995).

4.2.7 Teor e absorção de zinco

Os dados relativos ao teor e absorção de zinco pelo milho, afectados pelo PF, DFM e FYM, são apresentados no Quadro 4.9.

Tabela: 4.9. Efeito da FP, DFM e FYM no teor e absorção de Zn pelo milho

Tratamento	Teor de Zn (mg kg-1)	Absorção de Zn (mg pot-1)
T1: 10 t FYM ha-1 + 100% RDN	54.67	1.66
T2 : 500 kg FP ha-1 + 75% RDN	52.67	2.03
T3 : 500 kg DFM ha-1 + 75% RDN	56.33	2.16
T4 : 1000 kg FP ha-1 + 75% RDN	58.67	2.57
T5 : 1000 kg DFM ha-1 + 75% RDN	50.67	2.25
T6 : 500 kg FP ha-1 + 100% RDN	60.00	2.34
T7 : 500 kg DFM ha-1 + 100% RDN	58.67	2.28
T8 : 1000 kg FP ha-1 + 100% RDN	68.67	2.96
T9 : 1000 kg DFM ha-1 + 100% RDN	52.00	2.58
T10 : 100% RDN através de PF	50.00	1.43
T11: 100% RDN através de DFM	59.67	1.58
S.Em. ±	3.51	0.17
C.D a 5%	NS	0.51
C.V. %	10.75	13.72

.2.7 a) Teor de zinco

Os efeitos da FP, DFM e FYM no teor de zinco do milho são apresentados no Quadro nº 4.9. Os dados do teor de zinco afectados pelo PF, DFM e FYM em combinação com tratamentos de fertilizantes inorgânicos variaram de 50,00 mg kg^{-1} a 68,67 mg kg^{-1} . A variação entre os dados dos diferentes tratamentos não foi significativa. No entanto, o teor máximo de zinco de 68,670 mg kg^{-1} foi registado no tratamento T8 (1000 kg FP ha^{-1} +100% RDN), que foi 37,34% superior ao tratamento T10 (100% RDN através de FP). No entanto, estes efeitos benéficos do PF e DFM em combinação com fertilizantes não atingiram o nível de significância. Efeitos favoráveis semelhantes foram registados por Prasad (1981), Randhwa e Singh (1999),
Kumar et al. (2012) e Singh et al. (1992).

4.2.7 (b) Absorção de zinco

Os dados relativos à absorção de zinco pelo milho são apresentados no quadro n.º 4.9. Os dados relativos à absorção de zinco influenciados pelos diferentes tratamentos variaram entre 1,43 mg em vaso $^{-1}$ (T10) e 2,96 mg em vaso^{-1} (T8). A variação foi significativa. A absorção máxima de zinco de 2,96 mg pote^{-1} foi mostrada no tratamento T8 (1000 kg FP ha^{-1} + 100% RDN), que foi a par com os tratamentos T4, e T9, que foi 107% maior do que o tratamento T10 (100% RDN através de FP), ou seja, onde a menor absorção de zinco de 1,43 mg pote^{-1}

foi registada e esta diferença foi estatisticamente significativa. A aplicação de FP e DFM juntamente com 75% e 100% da dose recomendada de azoto aumentou a absorção de zinco da planta de milho em comparação com 100% de azoto através de FP e DFM e FYM. Devarajan et al. (1980), Singh et al. (1979) e Prasad (1981) encontraram efeitos benéficos semelhantes do estrume orgânico.

4.2.8 Teor e absorção de cobre

Os dados relativos ao teor e absorção de cobre pelo milho, afectados pelo PF, DFM e FYM, são apresentados no Quadro-4.10.

4.2.8 (a) Teor de cobre

Os efeitos da FP, DFM e FYM no teor de cobre do milho são apresentados na Tabela No. 4.10. Os dados do teor de cobre afectados pela FP, DFM e FYM em combinação com tratamentos de fertilizantes inorgânicos variaram de 2,67 mg kg^{-1} (T2) a 4,67 mg kg^{-1} (T9). A variação entre os dados dos diferentes tratamentos não foi significativa. No entanto, o teor máximo de cobre de 4,67 mg kg^{-1} foi registado no tratamento T9 (1000 kg DFM ha^{-1} + 100% RDN), que foi 100% superior ao tratamento T2 (500 kg FP ha^{-1} + 75% RDN). No entanto, estes efeitos benéficos da FP e DFM em combinação com fertilizantes não atingiram o nível de significância. Resultados semelhantes foram registados por Mathivanan et al. (2013), Mishra e Choudhuri (1999).

Tabela: 4.10 Efeito da FP, DFM e FYM no teor e absorção de Cu do milho.

Tratamento	Teor de Cu (mg kg-1)	Absorção de Cu (mg pot-1)
T1: 10 t FYM ha-1 + 100% RDN	3.67	0.11
T2 : 500 kg FP ha-1 + 75% RDN	2.67	0.11
T3 : 500 kg DFM ha-1 + 75% RDN	3.67	0.14
T4 : 1000 kg FP ha-1 + 75% RDN	4.33	0.19
T5 : 1000 kg DFM ha-1 + 75% RDN	4.66	0.21
T6 : 500 kg FP ha-1 + 100% RDN	4.33	0.19
T7 : 500 kg DFM ha-1 + 100% RDN	4.20	0.19
T8 : 1000 kg FP ha-1 + 100% RDN	2.66	0.13
T9 : 1000 kg DFM ha-1 + 100% RDN	4.67	0.23
T10 : 100% RDN através de PF	4.33	0.12
T11: 100% RDN através de DFM	3.00	0.10
S.Em. ±	0.57	0.02

C.D a 5%	NS	0.06
C.V. %	12.84	14.27

4.2.8 b) Absorção de cobre

Os dados relativos à absorção de cobre pelo milho são apresentados no Quadro n.º 4.9. Os dados de absorção de cobre influenciados por diferentes tratamentos variaram de 0,10 mg pot $^{-1}$ (T11) a 0,23 mg pot^{-1} (T9). A variação foi significativa. A absorção máxima de cobre de 0,23 mg pote^{-1} foi mostrada no tratamento T9 (1000 kg DFM ha^{-1} + 100% RDN), que foi a par dos tratamentos T4, T5, T6 e T7 e que foi 130% maior do que o tratamento T11 (100% RDN através de DFM), ou seja, onde a menor absorção de cobre de 0,10 mg pote^{-1} foi registada e esta diferença foi estatisticamente significativa. Resultados semelhantes foram registados por Ghosh et al. (2001), Singh et al. (1992) e Kumar et al. (2012).

4.3 Efeito da FP, DFM e FYM nas propriedades químicas e no estado d o s nutrientes disponíveis no solo após a colheita do milho

Os dados relativos às propriedades químicas e ao estado dos nutrientes disponíveis no solo após a colheita do milho são apresentados no Quadro nº 4.11.

4.3 (a) Condutividade eléctrica

Os dados relativos à condutividade eléctrica (CE) do milho na fase de colheita da cultura são apresentados na Tabela no. 4.11. A aplicação de PF, DFM e FYM não mostrou quaisquer efeitos significativos na condutividade eléctrica do solo (CE) após a colheita do milho. Os dados de condutividade eléctrica afectados pela FP, DFM e FYM combinados com tratamentos de fertilizantes inorgânicos variaram de 0.18 dS m^{-1} pela aplicação de 500 kg FP ha^{-1} com 75% RDN de (T2), 1000 kg ha^{-1} FP com 100% RDF de T8 e 1000 kg DFM ha^{-1} juntamente com 100% RDF de T9 a 0,22 dS m^{-1} pela aplicação de 1000 kg DFM ha^{-1} juntamente com 75% RDN do tratamento T3 e 10 t FYM ha^{-1} com RDF de T1 (controlo). A diferença entre os tratamentos não foi significativa.

Tabela: 4.11 Efeito da FP, DFM e FYM nas propriedades químicas e no estado dos nutrientes disponíveis no solo após a colheita do milho

Tratamento	CE (dS m-1)	pH (1:2.5)	OC (%)	Av. P2O5 (kg ha-1)	Av. K2O (kg ha-1)
T1: 10 t FYM ha-1 + 100% RDN	0.22	8.00	0.29	28.48	133.50
T2 : 500 kg FP ha-1 + 75% RDN	0.18	8.07	0.31	33.32	145.06
T3 : 500 kg DFM ha-1 + 75% RDN	0.20	8.00	0.30	33.37	137.52
T4 : 1000 kg FP ha-1 + 75% RDN	0.20	8.10	0.30	34.51	144.70
T5 : 1000 kg DFM ha-1 + 75% RDN	0.22	8.03	0.29	31.68	138.97
T6 : 500 kg FP ha-1 + 100% RDN	0.20	8.03	0.29	29.61	141.75
T7 : 500 kg DFM ha-1 + 100%. RDN	0.21	8.20	0.32	29.11	141.66
T8 : 1000 kg FP ha-1 + 100% RDN	0.18	8.03	0.31	29.57	152.50
T9 : 1000 kg DFM ha-1 + 100% RDN	0.18	8.03	0.30	29.06	146.94
T10 : 100% RDN através de PF	0.19	8.00	0.35	30.34	145.51
T11: 100% RDN através de DFM	0.20	8.00	0.33	32.16	140.67
S.Em. ±	0.009	0.08	0.01	2.03	10.23
C.D a 5%	NS	NS	0.029	NS	NS
C.V. %	8.26	1.86	5.56	11.33	12.42

Tendência semelhante de observação foi feita por Badanur et al. (1990), Chen et al. (1999), Kachot et al. (2001), Sharma et al. (2000), Patel et al. (1999) e Mathivanan et al. (2013).

4.3 b) Reação do solo (pH)

Os dados relativos ao pH do solo medido após a colheita da cultura do milho são apresentados no Quadro n.º 4.11. 4.11. Os dados do pH afectados pelos tratamentos com FP, DFM e FYM combinados com fertilizantes inorgânicos variaram de 8 a 8,28. A variação entre os dados dos diferentes tratamentos não foi significativa. No entanto, o pH mais elevado foi registado no tratamento T7 (500 kg de FDM ha^{-1} + 100% RDN), enquanto o pH mais baixo de 8,00 foi registado nos tratamentos T1, T10 e T11, mas esta diferença não foi significativa. Observações semelhantes foram feitas por Vishwakarma et al. (2005), Nehra et al. (2001),

Mathivanan et al. (2013) e Kumar et al. (2012).

4.3 (c) Teor de carbono orgânico

Os efeitos da FP, DFM e FYM nos valores do conteúdo de carbono orgânico do solo após a colheita da cultura do milho são apresentados no Quadro No.4.11. A aplicação da FP, DFM e FYM no conteúdo de carbono orgânico mostrou uma variação significativa após a colheita da cultura do milho. Os dados do teor de carbono orgânico afectados pela FP, DFM e FYM combinados com tratamentos de fertilizantes inorgânicos variaram entre 0,29 % e 0,35 %. A variação entre os dados dos diferentes tratamentos foi significativa. Entre todos os tratamentos, 100 % de azoto através do PF aumentou significativamente o teor de carbono orgânico (0,35%) em relação aos restantes tratamentos. O valor máximo do teor de carbono orgânico foi observado no tratamento T10 (100% RDN através do PF) e o valor mais baixo foi encontrado nos tratamentos T4, T5 e T11. O tratamento T10 (100% RDN através de FP) foi estatisticamente igual ao tratamento T11 (100% RDN através de DFM), que foi superior aos tratamentos T1, T4 e T5 em 20,7%. Resultados semelhantes foram encontrados por Helkaiah et al. (1981), Bhandari et al. (1992), Koni (1983), Nambiar e Ghosh (1984), Babu e Reddy (2000).

4.3 d) Teor de fósforo disponível

O efeito do FP, DFM e FYM no conteúdo de P2O5 disponível (kg ha^{-1}) do solo após a colheita da cultura do milho é apresentado na Tabela No.11. Os dados relativos ao teor de fósforo disponível do solo analisado após a colheita do milho são apresentados na tabela nº. 4.11. Os dados do teor de fósforo disponível afectados pelos tratamentos FP, DFM e FYM combinados com fertilizantes inorgânicos variaram entre 28,48 kg ha^{-1} e 34,51 kg ha^{-1} . A variação entre os dados dos diferentes tratamentos não foi significativa. No entanto, o teor máximo de fósforo disponível de 34,51 kg ha^{-1} foi registado no tratamento T4 (1000 kg FP ha^{-1} + 75% RDN), que foi 21,17% superior ao controlo, ou seja, T1, onde foi registado o menor teor de fósforo disponível de 28,48 kg ha^{-1} e esta diferença não foi estatisticamente significativa. As aplicações de FP e DFM não aumentaram significativamente o conteúdo de fósforo disponível do solo em comparação com a aplicação de FYM. Resultados semelhantes foram registados por More e Ghonsikar (1988), Panneerselvam et al. (2000), Srikanth et al. (2000), Mann et al. (2006) e Balaji (1994).

4.3 e) Teor de potássio disponível

O efeito da FP, DFM e FYM no conteúdo de K2O disponível (kg ha^{-1}) do solo após a colheita da cultura do milho é apresentado na Tabela No.4.11. Os dados relativos ao teor de potássio disponível no solo após a colheita do milho são apresentados no quadro n.º 4.11. 4.11. Os dados do teor de potássio disponível afectados pelos tratamentos FP, DFM e FYM combinados com fertilizantes inorgânicos variaram entre 133,50 kg ha^{-1} e 152,50 kg ha^{-1} . A variação entre os dados dos diferentes tratamentos não foi significativa. O teor máximo de potássio disponível foi registado em 152,50 kg ha^{-1} no tratamento T8 (1000 kg FP ha^{-1} +

100% RDN), que foi 14,23% superior ao controlo, ou seja, T1, onde foi registado o menor teor de fósforo disponível de 28,48 kg ha^{-1} e esta diferença foi estatisticamente não significativa. As aplicações de FP e DFM aumentaram o teor de fósforo disponível do solo em comparação com a aplicação de FYM. Resultados semelhantes foram registados por Pandey et al. (1985), Shinde e Gowade (1992), Yaduvanshi, (2001), Sharma e Sharma (2002) e Surekha et al. (2004).

5. RESUMO E CONCLUSÃO

Uma experiência em vaso em estufa e um estudo de incubação em laboratório foram realizados no Departamento de Química Agrícola e Ciência do Solo, BACA, Universidade Agrícola de Anand, Anand, durante 2013-2014. A experiência em vaso foi realizada para verificar os efeitos da farinha de penas no rendimento e na composição química do milho. A experiência em vaso foi estabelecida utilizando um desenho completamente aleatório e o mesmo desenho foi utilizado para o estudo de incubação. A experiência consistiu em dois níveis de substituição de azoto a 75 e 100 por cento do N recomendado para o milho com FP, DFM e FYM para a experiência em vaso. O solo utilizado para cultivar o milho (GM-4) como cultura de ensaio em vasos era pobre em N disponível, médio em P2O5 disponível e alcalino em reação.

As principais conclusões do inquérito são resumidas a seguir:

5.1 Efeito da aplicação de FP, DFM e FYM na altura da planta, rendimento de matéria verde e seca do milho:

Os dados da altura da planta afectados pelo FP, DFM e FYM variaram de 109,95 cm a 130,36 cm. A variação entre os dados dos diferentes tratamentos é significativa. No entanto, a altura máxima da planta de 130,36 cm foi registada no tratamento T9 (1000 kg DFM ha^{-1} + 100% RDN), que foi 18,56% superior ao tratamento T1 (10 t FYM ha^{-1} + 100% RDF). O rendimento fresco máximo de (146,35 g $pote^{-1}$), registado no tratamento T9 (1000 kg DFM ha^{-1} + 100% RDN), que foi a par com o tratamento T8 (1000 kg FP ha^{-1} +100% RDN) e foi 88,13% e 77,36% superior ao tratamento T11 (100% RDN através de DFM), respetivamente.78 g $vaso^{-1}$), registado no tratamento T9 (1000 kg FDM ha^{-1} + 100% RDN), que foi a par do tratamento T8 (1000 kg FP ha^{-1} +100% RDN) que foi 64%, 74% e 88% superior aos tratamentos T1 (10 t FYM ha^{-1} + 100% RDF), T10 (100% RDN através de FP) e T11 (100% RDN através de DFM) respetivamente.

5.2 Efeito da aplicação de FP, DFM e FYM na composição química do milho.

O teor máximo de azoto de 2,21% foi registado no tratamento T9 (1000 kg DFM ha^{-1} + 100% RDN), que foi 56,73%, 41,66% e 32,33% superior aos tratamentos T10 (100% RDN através de FP), T11 (100% RDN através de DFM) e T1 (10 t FYM ha^{-1} + RDF), respetivamente. A absorção máxima de azoto de 1100,63 mg pot^{-1} foi registada no tratamento T9 (1000 kg DFM ha^{-1} +100% RDN) que foi 117,89%, 76,43%, 71,20%, 32,45%, 175.39%, 166% superior aos tratamentos T1 (10 t FYM ha^{-1} + 100% RDF), T2 (500 kg FP ha^{-1} + 75% RDN), T6 (500 kg FP ha^{-1} + 100% RDN), T7 (500 kg DFM ha^{-1} + 100% RDN) , T10 (100% RDN através de FP) e T11 (100% RDN através de DFM) respetivamente. Os dados do teor de fósforo afectados pelo PF, DFM e FYM com tratamentos de fertilizantes inorgânicos variaram de 0,16% a 0,22%. A variação entre os dados dos diferentes tratamentos não é significativa. No entanto, o teor máximo de fósforo da cultura do milho 0,22% foi registado no tratamento T3 (500 kg DFM ha^{-1} + 75% RDN) que foi 37,5% superior ao tratamento T9 (1000 kg DFM ha^{-1} + 100%

RDN). A absorção máxima de fósforo de 92,13 mg pot^{-1} foi registada no tratamento T6 (500 kg FP ha^{-1} + 100% RDN), e foi 9,06%, 25,77%, 22,63%, 15,64%, 92,30% e 67,51% superior aos tratamentos T1, T2, T7, T9, T10 e T11, respetivamente. O teor máximo de potássio de 1,35% foi registado no tratamento T10 (100% RDN através de FP), que foi 12,5% superior ao controlo. A absorção máxima de potássio de 614,01 mg pot^{-1} foi observada no tratamento T8 (1000 kg FP ha^{-1} + 100% RDF), e foi 73,5% superior ao tratamento T11 (100% RDN através de DFM). O teor máximo de enxofre de 0,1% foi observado nos tratamentos T7 (1000 kg FP ha^{-1} + 100% RDF), T9 (100% RDN através de FP) e T11 (controlo). A absorção máxima de enxofre de 60,39 mg pot^{-1} foi registada no tratamento T4 (1000 kg FP ha^{-1} + 75% RDN) e foi 112,41% superior ao tratamento T10 (100% RDN através de FP).

5.3 Efeito da aplicação de FP, DFM e FYM no teor e absorção de micronutrientes pelo milho:

Os dados do conteúdo de micronutrientes Fe, Mn, Zn e Cu afectados pela aplicação de FP, DFM e FYM não foram considerados significativos, mas os dados da absorção de micronutrientes Fe, Mn, Zn e Cu foram considerados significativos. Os dados de absorção de ferro 31,66 mg pot^{-1} foram registados nos tratamentos T5 (1000 kg DFM ha^{-1} + 75% RDN). A absorção máxima de manganês 2,64 mg $pote^{-1}$ foi registada no tratamento T8 (1000 kg FP ha^{-1} + 100% RDN). A absorção máxima de zinco 2,96 mg $pote^{-1}$ foi registada no tratamento T8 (1000 kg FP ha^{-1} + 100% RDN). A absorção máxima de cobre 0,23 mg $pote^{-1}$ foi registada no tratamento T9 (1000 kg DFM ha^{-1} + 100% RDN).

5.4 Efeito da aplicação de FP, DFM e FYM nas propriedades químicas do solo após a colheita do milho:

Os dados de CE, pH, P2O5 disponível e K2O disponível afectados por FP, DFM e FYM foram considerados não significativos. No caso do carbono orgânico, os dados foram considerados significativos. O teor máximo de carbono orgânico de 0,35% foi registado no tratamento T10 (100% de azoto através do PF).

CONCLUSÃO

Os resultados da presente investigação destacaram claramente o facto de a aplicação de pó de penas e de farinha de penas digerida com 100% de RDN ter sido considerada a melhor devido ao seu maior teor de azoto, bem como à menor relação C: N. Entre todos os tratamentos, o pó de penas e a farinha de penas digerida com 100% de RDN (120 kg ha^{-1}) aumentaram o rendimento, melhoraram a composição nutricional das plantas de milho, bem como as propriedades do solo.

REFERÊNCIAS

Acharya, C. L. Bishnoi, S. K. e Yadhuvanshi, H. S. (1988). Efeito da aplicação a longo prazo de fertilizantes e corretivos orgânicos e inorgânicos em culturas contínuas nas propriedades físicas e químicas do solo em Alfisols. Indian J. Agric. Sci., **58**(7): 509- 516

Agarwal, L. G., Shekon, N. K., Sidhu, A. S. e Mahant (1995). Estado hídrico das plantas de milho e do trigo cultivado em solos com correção orgânica. J. Indian Soc.Soil Sci., **43**: 152-155.

Ahmed, A. H., Qadir, I. e Mahmood, N. (2007). Efeito da utilização integrada de fertilizantes orgânicos e inorgânicos no rendimento forrageiro do sorgo (Sorghum bicolor L.). Pak. J. Agri. Sci. **44**(3): 415-419.

Alagawadi, A. R. e Gaur, A. C. (1992). Inoculação de Azospirillum brasilense e bactérias solubilizadoras de fosfato no rendimento do sorgo (Sorghum biocolor L.). Trop. Agric., **69:** 347-350.

Ali, G. A. (2005). Uses of manure and fertilizer as soil management Technique for suitable crop production: paper presented at workshop organized by Taraba State Local Govrenment Service Commission on 8 and 9, December 2005. P.5.

Alok Kumar e Yadav, D. S. (1993). Effect of long-term fertilization on soil fertility and yield under rice-wheat cropping system. J. Indian Soc. Soil Sci., **41:** 178-180.

Anil Kumar e Thakur, K. S. (2004). Efeito da gestão integrada de nutrientes em variedades promissoras de milho composto (Zea mays) em condições de sequeiro em Himachal Pradesh. Indian J.Agric.Sci., **74**(1) : 40-42.

Anónimo, (2012). Área, produção e rendimento das principais culturas. Direção da Agricultura, Governo de Gujarat, Gandhinagar. http://agri.gujarat.govt.in

Ashok Kumar, R. C., Guatam, Ranbir Singh e Rana, K. S. (2005). Crescimento, rendimento e economia da sequência de culturas milho (Zea mays) - trigo (Triticum aestivum) sob a influência da gestão integrada de nutrientes. Indian J. Agric. Sci., **75**(11): 709- 711.

Ashrafi, R., Biswas, M.H.R., Mustafizur Rahman, G.K.M., Khatun R. e M. R. Islam (2010). Efeito do estrume orgânico no teor de nutrientes do arroz cultivado num solo contaminado com arsénio. Bangladesh J. Sci. Ind. Res., **45**(3): 183-188.

Babhulkar, P. S., R. M. Windale, W. P. Badole e S. S. Eal Pande. (2000). Efeito residual da aplicação a longo prazo de FYM e fertilizante nas propriedades do solo e no rendimento da soja. J. Indian. Soc. Soil. Sci. **48 (1):** 89-92.

Babu, R. e Reddy, V. C. (2000). Effect of nutrient sources on growth and yield of direct seeded rice (Oryza sativa L.). Crop Res., **19**(2): 189-193.

Badanur, V. P., Poleshi, C. M. e Naik, B. K. (1990). Efeito da matéria orgânica no rendimento das culturas e nas propriedades físicas e químicas de um Vertisol. J.Indian Soc. Soil Sci., **38**: 426- 429.

Baker, D. H., Blitenthal, R. C., Boebel, K. P., Gail L., Czarnecki, Southern,L.L. e Willis, G. M. (1980). Avaliação da proteína-aminoácido da farinha de penas processada a vapor. Poultry Science **60**: 1865-1872.

Balaji, S. K. (1994). Efeito do vermicomposto no crescimento e na produção de flores do áster da China (Callistephus chinensis). Tese de Mestrado (Agri.), Univ. Agric. Sci. Dharwad (Índia).

Barewadia, T. N. e Patel, J. B. (1996). Resposta do milho (Zea mays) a adubos orgânicos e Azotobacter em conjunto com níveis de azoto. Gujarat Agric. Univ. Res. J., **22:** 92-95.

Baskar, K. (2003). Efeito da utilização integrada de fertilizantes inorgânicos e FYM ou estrume de folhas verdes na absorção e eficiência da utilização de nutrientes do sistema arroz-arroz num Inceptisol. J. Indian Soc. Soil Sci., **51**(1): 47-51.

Bellakki, M. A. e Badanur, V. P. (1997). Efeito a longo prazo da gestão integrada de nutrientes nas propriedades do Vertisol sob agricultura de sequeiro. J. Indian Soc. Soil Sci., **45**(3): 438-442.

Bellakki, M. A. Badanur, V. P. e Shetty, R. A. (1998). Efeito da gestão integrada de nutrientes a longo prazo em algumas propriedades importantes do Vertisol. J. Indian Soc. Soil Sci., **46:** 176-180.

Bhanavase, D. B., Patil, A. J. e Kulkarni, S. D. (1992). Estudos sobre a reciclagem de resíduos de culturas no solo e os seus efeitos no sorgo rabi em condições de sequeiro. Proc. Nation. Sem. Organic Farm, Pune, pp. 18-20.

Bhandari, A. L., Anil Sood, Sharma, K. N. e Rana, D. S. (1992). Integrated nutrient management in a rice-wheat system (Gestão integrada de nutrientes num sistema arroz-trigo). J. Indian Soc. Soil Sci., **40:** 742-747.

Biju Joseph (1994). Estudos sobre o fósforo na sequência de culturas soja-trigo em Vertisols. Tese de Mestrado (Agri.), Univ. Agric. Sci., Dharwad, Karnataka (Índia).

Boateng, S. A., Zickermann, J. e Kornahrens, M. (2006). Efeito do estrume de aves de capoeira no crescimento e rendimento do milho. África Ocidental de Ecologia Aplicada-ISSN. **9**: 12-18.

Brady N. C. e Weil R. R. (1996). The Nature and Properties of Soils. 11th Edition, Prentice Hall, Upper Saddle River, New Jersey, pp 361, 473.

Chandrashekar, C. P., Harlapur, S. I., Muralikrishna, S. e Girijesh, G. K. (2000) Response of maize to organic manures with inorganic fertilizers. Karnataka J. Agric. Sci., **13:** 144-146.

Chawla, K. L. e Chabra, R. (1991). Propriedades físicas de um solo sódico alterado com gesso afectadas pela utilização de fertilizantes a longo prazo. J. Indian Soc. Soil Sci., **39**: 40-45.

Chen, Y., Clap, C. E., Magen, H. e Cline, V. W. (1999). Estimulação do crescimento de plantas por substâncias húmicas. Royal Soc. Chem., pp. 255-263.

Chesnin, L. e Yien, C.H. (1950). Determinação turbidimétrica do enxofre disponível. Proc.Soil. Sci. Soc. Am., **14**:149-151.

Chettri, M. e Mondal, S. S. (2005). Gestão de nutrientes com enxofre e fertilizantes sem enxofre e FYM para sustentar a produtividade do arroz (Oryza sativa) intensivo no sistema de cultivo. Indian J. Agron, **50**(1): 10-12.

Choi, J. M. e Paul N. V. (1996). Desenvolvimento de um fertilizante de azoto de libertação lenta a partir de fontes orgânicas: III. Isolamento e ação de um Actinomiceto degradador de penas. J. Amer. Hort. Sci., **121**(4): 639-643.

Choi, J. M. e Paul, N.V. (1996).Desenvolvimento de um fertilizante de azoto de libertação lenta a partir de fontes orgânicas: II. Usando penas de aves de capoeira. J. Amer. Hort., Sci., **121**(4): 634-638.

Chopra, N. e Ganguly, T. K. (1988). Eficiência de diferentes fontes de azoto em relação ao rendimento e à qualidade do milho (Zea mays L.) e seu efeito residual na colza (Brassica campestris). Indian J. Agric. Chem., **21**(3): 187-192.

Chopra, S. L. e Kanwar, J. S. (1976). Analytical Agril. Kalyani Publisers. Quarta edição. Pub. Por Mrs. Ushaj Kumar.

Das, M., Singh, B. P., Ram, M. e Prasad, R. N. (1991). Nutrição mineral de milho e amendoim influenciada por adubos enriquecidos com P em Alfisols ácidos. J. Indian Soc. Soil Sci., **40:** 580-583.

Devarajan, R. e Palaniappan, S. P. (1995). Zn e Mo no rendimento e nutrição do sorgo.

Madras Agric. J., **82**(3):188-189.

Devarajan, R., Ramanathan, G., Shanmugam, K. e Ravikumar, V. (1980). Nota sobre o efeito de adubos orgânicos na absorção de micronutrientes pelo sorgo. The Madras Agri. J., **67:** 128-130.

Dixit, K. G. e Gupta, B. R. (2000). Efeito de FYM, fertilizantes químicos e biofertilizantes no rendimento e na qualidade do arroz (Oryza sativa) e nas propriedades do solo. J. Indian Soc. Soil Sci., **48**: 773.

Farhad, W., Saleem, M. F., Cheema, M. A., Hammad, H. M. (2009). Efeito do estrume de aves de capoeira na produtividade do milho de primavera. (Zea mays L.). J. of Animal and Plant Science **19**(3): 122-125.

Freitas, A. D. S e Stamford, N.P. (2013). Fixação associativa de nitrogênio e crescimento do milho em um solo de floresta tropical brasileira como afetado por Azospirillium e materiais orgânicos. Tropical Grasslands., **36**(2): 77-82.

Gangwar, A. N. e Niranjan, K. (1991). Efeito de adubos orgânicos e fertilizantes orgânicos no sorgo forrageiro de sequeiro (Sorghum bicolour). Indian J. Agril. Sci. **61** (3):193-194.

Ghosh, B. N., Prakash, V. e Singh, R. D. (2001). Estado dos micronutrientes no sistema de cultivo de soja (Glycine max)-trigo (Triticum aestivum) na região de Kumaon de Uttaranchal. Indian J. Agric. Sci., **71**(2): 149-152.

Guan S. Y. (1989). Estudos sobre os factores que influenciam as actividades enzimáticas do solo. I. Efeitos de adubos orgânicos nas actividades enzimáticas do solo e na transformação de N e P. ActaPedoloticaSinic., **26**(1): 72-78.

Gupta U. C. (1979). Boron nutrition of crops. Avanços em Agronomia, **31:** 273-307.

Gupta, J. P., Ramesh Kumar e Jalali, V. K. (1999). Efeito do fósforo e do estrume de quinta no rendimento e na eficiência da utilização do fósforo no milho em condições de sequeiro. SKUAST J. Res., **1**: 84-88.

Hadas, A. e Kautsky, L. (1994). Farinha de penas, um fertilizante azotado de libertação semi-lenta para a agricultura biológica. Fertilizer Research, **38:** 165-170.

Haque, M. S., Solaiman, A. R., Sirajul Karim, A. J. M., Mustafizur Rahman, G. K. M. e Abdul Karim, Md. (2011). Efeito dos adubos orgânicos no crescimento, rendimento e absorção de nutrientes no milho. Bangladesh J. Sci. Res., **24**(2): 135-144.

Hartz, T. K. e Johnstone, P. R. (2006). Disponibilidade de nitrogénio a partir de plantas orgânicas com elevado teor de nitrogénio.

Helkiah, J., Manickam, T. S. e Nagalakshmi, K. (1981). Influência do adubo orgânico sozinho e em combinação com inorgânicos nas propriedades de um solo preto e na produção de jowar. Madras Agric. J., **68**(6): 360-365.http://en.wikipedia.org/wiki/Feather_meal http://www.thepoultrysite.com/poultrynews/18275/new-solution-found-to-disposal-of- resíduos de penas

Hundekar, S. T. (1992). Influência de resíduos orgânicos e fertilizantes nas propriedades do solo, absorção de nutrientes e rendimento do sorgo. Tese de Mestrado (Agri.), Univ. Agric. Sci. Dharwad (Índia).

Ibragimov, A. C. (1990). Absorção e acumulação de nutrientes no milho cultivado em solos arenosos.

Izvestiya-Akademii-Nauk Turkemenskoi SSR-Seriya-Biologicheskikb-Nauck, **1**: 29-34.

Isah K.M., Lagoke, S.T.O., Elemo, K. e Ariyo, O.J. (2009). Reação diferente da variedade de cultura hospedeira à strigaharmontheca de diferentes culturas e fontes de localização. Nigerian Journal of Weed Science, **22:** 1-4.

Jackson M. L. (1973). Análise química do solo. Prentice hall of India Pvt Ltd.

Jadhav, S. B., Jadhav, M. B., Joshi, V. A. e Jagtap, P. B. (1993). Organic farming in the light of reduction in use of chemical fertilizers. Proc. 43º Ann. Deccan Sugar Technol. Assoc., Pune Part-I, pp. SA53-SA65.

Jagtap, B. K. e Shingte, A. K. (1982). Incubação de Azatobacter em conjunto com FYM na economia do uso de fertilizante N para o trigo. J. Indian Soc. Soil Sci., **30**(2): 210-212.
Jalota, S.K., Khera, R., Ghuman, B.S. (1998). Methods in Soil Physics. Narosa Publishing House, Nova Deli, pp: 65-67.

Jayanta Kumar Saha, (2003). Efeito do estrume na retenção pelo perfil do solo e na absorção pelas culturas de soja (Glycine max (L.) Merill) - trigo (TriticumaestivumL.) do enxofre aplicado num Vertisol no centro da Índia. Food, Agriculture & Environment, **1**(3&4): 121-124.

Juang, T. C. (1993). Utilização combinada de fertilizantes orgânicos e químicos na fertilidade do solo e no rendimento das culturas numa rotação arroz-milho. Boletim de Extensão. - ASPAC, Centro de Tecnologia de Alimentos e Fertilizantes, julho, 1993.

Kachot, N. A., Malavia, D. D.; Solanki, R. M. e Sagarka, B. K. (2001). Integrated nutrient management in rainy groundnut (Arachis hypogea). Indian J. Agron, **46**(3): 516- 522.

Kamalakumari, K. e Singaram, P. (1996). Efeito da aplicação contínua de FYM e NPK no estado de fertilidade do solo, rendimento e absorção de nutrientes no milho. Madras Agric. J., **83**: 181-184.

Karki, T. B., Ashok Kumar e Gautam, R. C. (2005). Influência da gestão integrada de nutrientes no crescimento, rendimento, teor e absorção de nutrientes e estado de fertilidade do solo no milho (Zea mays). Indian J. Agric. Sci., **75**(10): 682-685.

Kher, D. e Minhas, R. S. (1991). Effect of fertilizer application, manuring and caling on the yield and micronutrients uptake by maize and wheat under mid-hilly conditions of Himachal Pradesh. Crop Res., **4**(1): 165-168.
Kim B. Y., Hub B. L., Cho B. O., Park Y. e Lee B. N. (1985). Efeito de diferentes momentos e taxas de aplicação de estrume de gado no rendimento do arroz em solo de arroz não desenvolvido. Field Crops Abstract, **39**(8): 666.

Koni, S. B., 1983, A study on crop residue management in chilli (Capsicum annuum L.) production. Tese de Mestrado (Agri.), Univ. Agric. Sci. Bangalore (Índia).

Krishnamoorthy, T. (1995). Estudos sobre a gestão integrada de nutrientes no sorgo kharif (Sorghum bicolor (L.) Moench) em regime de transição. Tese de Mestrado (Agri.), Univ. Agric. Sci. Dharwad (Índia).
Krishnamurthy, K. (1991). Efeito de fontes e métodos de aplicação de fósforo no crescimento, rendimento de grãos e eficiência de uso de P em arroz de terras baixas. Tese de doutoramento, Andhra Pradesh Agric. Univ., Hyderabad.

Kumar, M., Yaduvanshi, N.P.S. e Singh Y.V. (2012). Efeitos da gestão integrada de nutrientes no rendimento do arroz, na absorção de nutrientes e no estado de fertilidade do solo em solos sodados recuperados. Jornal da Sociedade Indiana de Ciência do Solo, **60**(2): 132-137.

Kumar, R., Narwal, R. K. e Singh, S. (2002). Integrated response of organic and inorganic fertilizers on wheat in normal and saline soils (Resposta integrada de fertilizantes orgânicos e inorgânicos no trigo em solos normais e salinos). Resumos alargados Vol. 1: segundo congresso internacional de agronomia, 26-30 de novembro de 2002, Nova Deli.

Lagoke, S.T.O. e Isah K.M. (2010). Reação de variedades de milho à strigaharmontheca influenciada pela cultura intercalar de leguminosas alimentares, aplicação de fertilizantes na primavera e em parcelas. Nigerian Journal of Weed Science, **23:** 25-44.

Lal, S. e Mathur, B. S. (1989) Efeito da fertilização a longo prazo, da adubação e da calagem de um Alfisol no milho, no trigo e nas propriedades do solo - II. Propriedades físicas do solo. J. Indian Soc. Soil Sci., **37:** 815-817.

Lavti, D. L. (1990). Efeito residual de diferentes materiais orgânicos nas propriedades do solo e no rendimento do trigo. Rajasthan Res. J., **3**: 20-28.

Lindsay, W. L. e Norvell L. R. (1978).Chemical equilibrium in soil.Jhon.Willey and Sons, Newyork.

Madhavi, B. L., Suranarayana Reddy, M. e Uma Reddy, B. (1995). Efeito do estrume de aves de capoeira no estado dos micronutrientes disponíveis no solo e no rendimento do milho. Nation. Symp. Agric.

Relation to Env. 16-18 de janeiro de 1995, Sociedade Indiana de Ciências Agrícolas, Instituto Indiano de Investigação Agrícola, Nova Deli, p. 157.

Malik, N. e Jaiswal, L. M. (1993). Utilização integrada de fontes de azoto orgânico e inorgânico e nível de azoto no arroz de zonas húmidas (Oryza sativa) no leste de U. P. J. Indian Agron, **38** (4): 641-643.

Mann, K. K., Brar, B. S. e Dhillon, N. S. (2006). Influência da utilização a longo prazo de estrume de quinta e fertilizantes inorgânicos na disponibilidade de nutrientes num Ustochrept Typic. Indian J. Agric. Sci., **76**(8): 477-480.

Mastiholi, A. B. (1994). Resposta do sorgo rabi (Sorghum biocolor L.) a biofertilizantes e práticas de conservação de humidade in situ em solo negro profundo. Tese de Mestrado (Agri.), Univ. Agric. Sci. Dharwad.

Mathivanan, S., Kalaikandhan, R., Chidambaram A. A., e Sundramoorthy, P. (2013). Efeito do vermicomposto no crescimento e no estado dos nutrientes no amendoim (Arachishypogaea. L). Asian Journal of Plant Science and Research, **3**(2):15-22.

Mathur, G. M. (1997). Effect of long-term application of fertilizers and manures on soil properties and yield under cotton-wheat rotation in north-west Rajasthan. J. Indian Soc. Soil Sci., **45**(2): 288-292.

Mban C. N., Okolo K. e Anikwe M. A. N. (2000). Alterações nas propriedades químicas e reológicas de um solo franco-argiloso arenoso alterado com resíduos orgânicos. Journal of

Agricultural Technology and Education, **5**(1&2): 9-15.

Mishra, A., Choudhuri, M.A. (1999). Efeitos do ácido salicílico na deterioração da membrana induzida por metais pesados mediada pela lipoxigenase na raça. Biol. Plant, **42:** 409-415.

Modupeola, T. O[1] ., Ogunrinde, J. O.[2] , Abdul-Rafiu, A.M.[1] e O. O. Idowu-Agida[1] . (2011). Efeito do estrume de aves e do fertilizante N.P.K. no rendimento da matéria seca e na absorção de nutrientes no milho. Continental J. Agronomy **5**(1):30-34.

Mohamed, E. M. H. A. (2010). Efeito do Fertilizante Orgânico e da Ureia no Crescimento, Rendimento e Qualidade do Milho Forrageiro. Revista Internacional de Investigação Atual. **8**: 35-41.

More, S. D. (1994). Efeito de resíduos agrícolas e adubos orgânicos nas propriedades do solo, disponibilidade de nutrientes e rendimento do arroz-trigo cultivado em Vertisol. J. Indian Soc. Soil Sci., **42**(2): 253-256.

More, S. D. e Ghonsikar, C. P. (1988). Efeito de alguns adubos orgânicos na disponibilidade de fósforo para o trigo. J. Indian Soc. Soil Sci., **36** : 372-374.

Moritz, J. S. e. Latshaw, J.D. (2001). Indicadores do valor nutricional da farinha de penas hidrolisada. Poultry Science **80:** 79-86.

Mutegi, E. M., Kung'u, J. B., Muna, M., Pieter, P. e Mugendi, D. N. (2012). Efeitos complementares dos fertilizantes orgânicos e minerais na produção de milho nas pequenas explorações agrícolas do distrito de Meru South, Quénia. Ciências Agrícolas. **3**(2): 221-229.

Nambiar, K. K. M. e Ghosh, A. B. (1984). Highlights of long-term fertilizer experiments in India (1971-82). Long-term Fert. Long-term Fert. Res. Bull. 1, Instituto Indiano de Investigação Agrícola, Nova Deli.

Nanjappa, H. V., Ramachandrappa, B. K. e Mallikarjun, B. O. (2001). Effect of integrated nutrient management on yield and nutrient balance in maize (Zea mays). Indian J. Agron, **46**(4): 698-701.

Negi, S. C., Singh, K. K. e Thakure, R. C. (1988). Resposta da sequência de culturas de milho-trigo ao fósforo e FYM. Indian J. Agric. Sci., **31** (3): 270-275.

Nehra, A. S., Hooda, I. S. e Singh, K. P. (2001). Efeito da gestão integrada de nutrientes no crescimento e rendimento do trigo. Indian J. Agron, **46**(1): 112-117.

Ogundare, K., Agele, S. e Aiyelari, P. (2012). Alteração orgânica de um ultisol: efeitos nas propriedades do solo, crescimento e rendimento do milho na zona de savana do sul da Guiné da Nigéria. Revista Internacional de Reciclagem de Resíduos Orgânicos na Agricultura. **1**:11

Olsen, S. R. (1954). Estimation of available phosphorus in soil by extraction with sodium hydrogen carbonate, U.S.D.A. Circ. 939: 19.

Palled, V. B., Manjappa, K., Desai, B. K., Guggari, A. K. e Prabhakar, A. S. (1997). Efeito da adubação verde de subabul (Lecaena leucocephala) no milho (Zea mays) cultivado em solos vermelhos irrigados. Indian J. Agron, **42** : 188-190.

Pandey, S. P., Haishankar e Sharma, V. K. (1985). Eficácia de alguns resíduos orgânicos e inorgânicos em relação ao rendimento das culturas e às caraterísticas do solo. J. Indian Soc. Soil Sci., **33**: 179-181.

Panneerselvam, S., Christopher, A., Louduraj e Balasubramanian, N. (2000). Fósforo disponível no solo e sua absorção pela soja (Glycine max (L.) Merrill) sob a influência de adubos orgânicos, fertilizantes inorgânicos e práticas de gestão de ervas daninhas. Indian J. Agric. Res., **34**(1): 9-16.

Parmar, D. K. e Sharma, V. (2002). Estudos sobre a aplicação a longo prazo de fertilizantes e estrume no rendimento da rotação milho-trigo e nas propriedades do solo em condições de sequeiro nos Himalaias ocidentais. J. Indian Soc. Soil Sci., **50**(3): 311-312.

Patel, K.P., George, V., Patel, J. A., Ramani, V. P. e Patel, K. C. (1999). Three Decades of AICRP on Micronutrient Research (Boletim), Micronutrient Project (ICAR), G. A. U., Anand, pp: 1-20.

Patiram, M. e Mali, A. L. (2004). Efeito dos níveis de fertilidade de FYM e biofertilizantes no crescimento, rendimento e qualidade do sorgo. Indian J. Agron, **49** (2): 117-120.

Pawar, R. B. (1996). Dinâmica da relação minhoca-solo-planta em trópicos semi-áridos. Tese de doutoramento, Univ. Agric. Sci. Dharwad (Índia).

Piper, C.S. (1966). "Análise de Solos e Plantas". A Universidade de Adelade. Academics Press, N.Y. Austrália.

Prasad, B. (1981). Utilização de estrume orgânico para correção de deficiências de zinco e ferro em plantas de milho cultivadas em solo calcário. J. Indian Soc. Soil Sci., **29:** 132-133.

Prasanthrajan Mohan e BoomirajKovilpillai (2012). Enfrentar os desafios da perda de amoníaco da queda de aves de capoeira através de resíduos de carbono. Revista Internacional de Ciência e Desenvolvimento Ambiental, **3**(4):400-406.

Randhwa, R. S. e Singh, K. P. (1999). Efeito da gestão integrada de nutrientes com vermicomposto na produtividade do trigo. Indian J. Agron, **44** (3): 554-559.

Ranjan Bhattacharya, Ved Prakash, Kundu, S., Srivastava, A. K. e Gupta, H. S. (2004). Efeito da adubação de longo prazo no carbono orgânico do solo, densidade aparente e caraterísticas de retenção de água na sequência de culturas soja-trigo no noroeste dos Himalaias. J. Indian Soc. Soil Sci., **52**(3): 238-242.

Rouanent, G. (1987). O milho. In: Tropical Agriculturalist CTA. Coste, R. (Ed) Macmilian Publiser.

Sakal, R., Singh, B. P. e Singh, A. P. (1982). Nutrição de ferro do milho influenciada por transportadores de ferro e aplicação de composto em solo calcário. J. Indian Soc. Soil Sci., **30**: 190- 193.

Santhy, P., Selvi, D. e Dhakshinamoorthy, (2000) Long-term fertilizer experiment - An index of yield and soil sustainability. The Madras Agric. J., **87**(1-3): 40-43.

Sarkar, S. N. e Rathod, P. S. (1992). ffect of crop residue on crop yield, physical and chemical properties of soils. J. Indian Soc. Soil Sci., **40:** 462-469.

Saroch, K. e Thakur, D. R. (2004). Effect of levels and sources of nitrogen levels and method of fertilizer placemant on wheat under late shown condition. Indian J. Agron, **37**(1): 43-46.

Savalgi, V. P. e Savalgi, V. (1992). Efeitos do Azospirillum brasilense e do gesso quente como tratamento de sementes no sorgo. J. Maharashtra Agric. Univ., **16**: 107-108. Sci., Dharwad (Índia).

Shah, S. T. H., Zami r, M. S. I., Al I, A., Waseem, M., Tahi r M. e Khal id, W. B. (2009). Crescimento e rendimento \resposta do milho (Zea mays L.) a fontes orgânicas e inorgânicas de azoto. Pak. j. life soc. sci. **7**(2):108-111.

Sham, M. e Sreenivasa, M. N. (1998). Utilização de chorume usado em centrais de biogás na agricultura. Tech. Bull. No. CIAE/98/72, Instituto Central de Engenharia Agrícola, Bhopal - 462 038 (MP), Índia.

Sharma, A. K., Kelkar, A. K., Misra, O. R., Kushwaha, S. S. e Rajput, A. M. (2000). Resposta do trigo à gestão integrada dos nutrientes em condições de regadio. Res. On Crops, **1**(1): 105-107.

Sharma, J. P. (1983). Economia no uso de fertilizantes através de adubos orgânicos na cultura do milho.

Indian J. Agron, **28**: 154-155.

Sharma, J. P. (1987). Gestão de nutrientes para maximização do rendimento em sistemas de cultivo intensivo. Fert. News, **32**(10): 37-39.

Sharma, S. K. e Sharma, S. N. (2002). Integrated nutrient management for sustainability of rice (Oryza sativa)-wheat (Triticum aestivum) cropping system. The Indian J. Agric. Sci., **72**(10): 573-576.

Sharma, U. C. e Singh, K. (1991). Gestão integrada de fosfato e esterco de curral na sequência de cultivo de batata-rabanete num solo ácido. J. Indian Soc. Soil Sci., **39**: 468-471.

Shilpashree V.M, Chidanandappa H.M., Jayaprakash R. e Punitha B.C. (2012). Influência das práticas integradas de gestão de nutrientes na produtividade da cultura do milho. Indian Journal of Fundamental and Applied Life Sciences ISSN: 2231-6345. **2** (1):45 -50.

Shinde, P. H. e Gowade, D. B. (1992). Effect of application of FYM on the availability of nitrogen, potassium and born in soils. Proc. Nation. Sem. Organic Farm, Pune, pp. 10-11.

Shivananda, T. N., Sreerangangappa, K. G., Lalitha, B. S., Ramakrishna Parama, V. R. e Siddaramappa, R. (1996). Eficácia do estrume de curral, vermicomposto e enxofre de amónio para a absorção de enxofre em feijão francês. Proc. Nation. Sem. Organic Farm. Sust. Agric., Bangalore (Índia), pp. 99-100.

Singh, G. B. e Yadav, D. W. (1994). Análise crítica das experiências de longo prazo com cana-de-açúcar na Índia. Fert. News, **39**(10) : 25-34.

Singh, J. e Singh, K. P. (2005). Effect of organic manures and herbicides on yield and yield attributing character of wheat. Indian J. Agron, **54**(4): 289-291.

Singh, R. (1997). Estudos sobre a gestão integrada de nutrientes com vermcomposto no trigo. Tese de doutoramento, Chaudhary Charan Singh, Universidade Agrícola de Haryana, Hissar.

Singh, R. P. e Prasad, R. N., Sinha, H. e Singh, K. D. N. (1979). Effect of organic amendments on zinc availability to maize and soybean in calcareous soil. J. Indian Soc. Soil Sci., **27:** 321-324.

Singh, R. V., Dubey, V. K. e Vyas M. D. (1992). Efeito da taxa de sementes, fósforo e FYM no trigo. Simpósio Nacional sobre Conservação de Recursos e Produtividade Agrícola. Nov., 22-25, 2004, Ludhiana, Punjab.

Singh, V. P. (1999). Efeito de fontes orgânicas e inorgânicas de nutrientes no trigo de sequeiro.Indian J. Agron., **44(**2): 347-352.

Srikanth, K., Srinivasmurthy, C. A., Siddaramappa, R. e Ramakrishna Parama, V. R. (2000). Efeitos diretos e residuais de compostos enriquecidos, FYM, vermicomposto e fertilizante nas propriedades de um Alfisol. J. Indian Soc. Soil Sci., **48**(3): 496-499.

Steel, R. G. e Torrie, J. H. (1982). Principles and procedures of statistics. McGraw Hill Book Company, Nova Deli - 110001.

Subbiah, B.V e Asija, G.L. (1956). A rapid Procedure for the estimation of available nitrogen in soils.Curr.Sci, **25**: 259-260.

Surekha, K., Narayana Reddy, M., Rao, K. V. e Sta Cruz, P. C. (2004). Avaliação das práticas de gestão dos resíduos de culturas para melhorar os rendimentos, o equilíbrio dos nutrientes e a saúde do solo num sistema intensivo de arroz-arroz. J. Indian Soc. Soil Sci., **52**(3): 448-453.

Suri, H. S., Shidu, A. S., Singh, R., Agarwal, G. C. e Sandhu, K. S. (1993). Efeito a longo prazo da adubação verde nas propriedades físicas sólidas e no potencial de produção na sequência milho-trigo da adubação verde. Ann. Agric. Res., **14**: 125-131.

Sushila, R. e Giri, G. (2000). Influência do estrume de quintal, azoto e biofertilizantes no crescimento, atributos de rendimento e rendimento da produção de trigo (Triticum aesticum). Nature, Envirn. And pollution tech., **5**(2): 197-201.

Swarup, A. (1991). Efeito a longo prazo da adubação verde (Sesbania aculeate) nas propriedades do solo e na sustentabilidade da produção de arroz e trigo num solo sódico. J. Indian Soc. Soil Sci., **39**: 777-780.

Tolanur, S. I. e Badanur, V. P. (2003). Mudanças no carbono orgânico, N disponível, P e K sob uso irrigado de adubo orgânico, adubo verde e fertilizante na produtividade sustentável de milheto de pérola em inceptisol. J. Indian Soc. Soil Sci., **51**(1): 37-41.

Udom, G. N. e Bello, H. M. (2009). Effect of Poultry Litter on the Yield of Two Maize Varities in the Northern Guinea Savanna. Jornal de Agricultura Tropical, Alimentação, Ambiente e Extensão. **8**: 51-54.

Vasanthi, D. e Kumarswamy, K. (2000). Effects of manure fertilizer schedules on the yield and uptake of nutrients by cereal forder crops and on soil fertility. J. Indian Soc. Soil Sci., **48**(3): 51-515.

Venkatesh, (1995). Efeito da vermicultura na composição do solo, crescimento, rendimento e qualidade das uvas sem sementes Thompson (Vitis vinifera). Tese de Mestrado (Agri.), Univ. Agric.

Verma, T. S. (1991). Influência de métodos de aplicação de estrume de quinta no milho em condições de sequeiro. Crop Res., **4**(1): 161-164.

Vishwakarma, S.P., Chauhan, R.P.S., Rajkumar, Kanti Prasad e VedPrakash (2005). Utilização integrada do azoto orgânico e do azoto fertilizante no trigo em solo calcário. Annals of Plant and Soil Research, **7**(1): 83-84.

Vyas, S. H., Modhwadia, M.M. e Khanpara, V. D. (1997). Gestão integrada de nutrientes no trigo. GAU Res, J., **23**(1): 12-18.

Walkly, A.J. e Black, I.A. (1934). Um exame do método Degtjareff para determinar a matéria orgânica do solo e uma proposta de modificação do método de titulação com ácido crómico. Soil Sci. **37**: 29 - 38.

Walton, P. O. (1988). Principal and Practices of Plant Science. Prentice Hall, England Cliffs, New Jersey. Pp: 261-267.

Warren J. G., Phillips, S. B., Mullins, G. L., Mullins, D. K. e Penn, C. J. (2006). Environmental and production consequences of using alum-amended poultry litter as a nutrient source for corn. J. Environ. Qual., **35**: 172-182.

Wei-hsun Lo., Jui-rze Too., Jane-yii-Wu. (2012). Produção de enzima queratinolítica por uma estirpe indígena de degradação de penas Bacillus Cereus Wu2. J.Bioscience and Bioengineering.**11**:640-647.

Wild, P L., Kessel, C. V., Lundberg, J. e Linquist, B. A. (2011). Disponibilidade de nitrogênio da cama de aves e aditivos orgânicos peletizados para a produção de arroz orgânico. Agronomy Journal 103: 1284-1291.

Yaduvanshi (2001). Efeito do vermicomposto e dos fertilizantes inorgânicos na produtividade do milheto (P. glaucum). J. Indian Soc. Soil Sci., **53**(1): 97-99.

Yaduvanshi, N. P. S. (2001). Efeito de cinco anos de cultivo de arroz-trigo e utilização de fertilizantes NPK com e sem adubos orgânicos e verdes nas propriedades do solo e no rendimento das culturas num solo sódico recuperado. J. Indian Soc. Soil Sci., **49**(4): 714-719.

Yogananda, S. B., Reddy, V. C. e Sudhir, K. (2004). Efeito do composto urbano e dos fertilizantes inorgânicos no estado dos nutrientes do solo e no rendimento de grãos do arroz híbrido. The Mysore J. Agric. Sci., **38**(4): 454-458.

Yusuff M. T. M., Ahmed, O.H., Yahaya, W. A. W. e Yahaya, N. M. A. (2007). Effect of Organic and Inorganic Fertilizers on Nitrogen and Potassium Uptake and Yield of Sweet Corn Grown on an Acid Soil (Efeito dos fertilizantes orgânicos e inorgânicos na absorção de azoto e potássio e no rendimento do milho doce cultivado num solo ácido). American Journal of Agricultural and Biological Science **2**(2): 118-122.

Zhang, H. e Schrader, S. (1993). Efeitos das minhocas em propriedades físicas e químicas selecionadas dos agregados do solo. Biol. Fert. Solo, **15**: 229-234.

MIX
Papier aus verantwortungsvollen Quellen
Paper from responsible sources
FSC® C105338

Printed by Books on Demand GmbH, Norderstedt / Germany